Sciences Economiques Sociales

CW01669567

2de

Collection C.-D. Échaudemaison

Fichier d'activités dirigées

Monique Abellard
Renaud Chartoire
Olivier Leblanc
Sophie Loiseau
Arnaud Parienty
Sarah Roux-Périnet
Éric Taïeb
Aurélie Talon
Hélène Thammavongsa
Agnès Vallée

Édition 2014

Nathan

SOMMAIRE

PARTIE 4 Formation et emploi

PARTIE 5 Individus et cultures

Méthode

Programme de Sciences économiques et sociales en classe de Seconde

Bulletin officiel spécial n°4 du 29 avril 2010

Thèmes d'exploration et questionnements associés	Notions à découvrir	Indications complémentaires à l'usage des professeurs
I. Ménages et consommation		
– Comment les revenus et les prix influencent-ils les choix des consommateurs ?*	Revenu disponible, consommation, épargne, pouvoir d'achat.	Après avoir constaté que le revenu disponible se répartit entre consommation et épargne et évoqué les différentes formes d'épargne, on montrera à partir de données chiffrées simples que la consommation des ménages dépend à la fois du niveau de leur revenu et du prix des biens. On mettra en évidence les effets dans le temps de l'évolution du pouvoir d'achat sur la structure de la consommation des ménages. On initiera les élèves à interpréter les valeurs significatives que peuvent prendre les élasticités (prix et revenu) pour quelques types de biens en mettant en évidence l'intérêt de cet outil pour l'économiste.
– La consommation : un marqueur social ?	Consommation ostentatoire, effets de distinction et d'imitation.	On montrera que les choix de consommation sont socialement différenciés en fonction de la profession, du niveau d'éducation, de l'habitat, de l'âge. On s'interrogera sur l'influence de la mode et de la publicité sur les comportements de consommation.
II. Entreprises et production		
– Qui produit des richesses ?*	Entreprise, production marchande et non marchande, valeur ajoutée.	En prenant appui sur quelques exemples significatifs, on sensibilisera les élèves à la diversité des entreprises selon la taille, la nature de leur production, leur mode d'organisation. On précisera en quoi le rôle économique spécifique des entreprises les distingue d'autres organisations productives (administrations, associations).
– Comment produire et combien produire ?	Facteurs de production, coûts, productivité, progrès technique.	On montrera comment l'entreprise est amenée à combiner efficacement les facteurs de production en tenant compte de leurs coûts et de leur caractère plus ou moins substituable. On soulignera que cette combinaison peut évoluer au cours du temps, sous l'influence de différents facteurs. On mettra en évidence l'accroissement de la productivité dans le long terme (notamment sous l'action du progrès technique) et ses différents effets.
III. Marchés et prix		
– Comment se forment les prix sur un marché ?*	Demande, offre, prix.	On montrera comment dans un modèle simple de marché se fixe et s'ajuste le prix en fonction des variations de l'offre et de la demande. En partant d'un exemple, on construira les courbes d'offre et de demande, on recherchera les facteurs susceptibles d'expliquer leur déplacement et on en analysera l'impact en termes d'augmentation ou de baisse des prix. Ce thème pourra être l'occasion de recourir à un jeu mettant en évidence de manière expérimentale le fonctionnement d'un marché.
– La pollution : comment remédier aux limites du marché ?	Effet externe, incitation.	En prenant appui sur l'exemple de la pollution, on montrera que le fonctionnement du marché ne conduit pas nécessairement les producteurs à prendre en compte les coûts sociaux. On présentera les politiques incitatives (taxes, subventions) ou contraignantes (normes) que la puissance publique est conduite à mettre en place pour pallier cette défaillance du marché.
IV. Formation et emploi		
– Le diplôme : un passeport pour l'emploi ?*	Emploi, qualification, capital humain.	À partir de données chiffrées, on analysera la relation entre le niveau et la nature des études poursuivies et l'accès à un emploi plus ou moins qualifié. On montrera que la poursuite d'études supérieures est un investissement en capital humain mais qu'elle est aussi influencée par le milieu social.
– Le chômage : des coûts salariaux trop élevés ou une insuffisance de la demande ?	Salaire, coût salarial, chômage.	Après avoir sensibilisé les élèves à l'évolution de l'emploi et du chômage dans la période récente, on s'interrogera sur les effets contrastés de l'évolution des salaires sur le niveau de l'emploi en prenant en considération le fait qu'ils constituent à la fois un coût pour chaque entreprise mais aussi une composante du pouvoir d'achat des ménages.
V. Individus et cultures		
– Comment devenons-nous des acteurs sociaux ?*	Socialisation, normes, valeurs.	On montrera que la famille et l'école jouent chacune un rôle spécifique dans le processus de socialisation des jeunes. On prendra en compte le caractère différencié de ce processus en fonction du genre et du milieu social.
– Comment expliquer les différences de pratiques culturelles ?	Culture, culture de masse.	On mettra en évidence la répartition sociale des choix culturels et des pratiques de loisirs et on s'interrogera sur les facteurs qui l'expliquent. On pourra réinvestir des notions déjà étudiées à propos du thème de la consommation.

*Thème obligatoire

Savoir-faire applicables à des données quantitatives qui seront mobilisés dans le traitement du programme :
- Proportion, pourcentage de répartition.
- Taux de variation, coefficient multiplicateur, indice simple.
- Moyenne arithmétique simple et pondérée, médiane.
- Élasticité-prix et élasticité-revenu.
- Lecture de tableaux à double entrée, de diagrammes de répartition, de séries chronologiques.

Expliquer un fait social : le football

Mots clés Fait social • Science économique • Science politique • Sociologie

A Une dimension socio-culturelle et politique : le football au Brésil

Doc. 1 Le football, un élément de l'identité brésilienne et du métissage

Au Brésil, le football est un élément identitaire fort. On peut changer plusieurs fois de parti politique, mais on supportera le même club de football toute sa vie. Apporté par les élites blanches anglo-saxonnes, ce jeu a été adopté par tout le peuple et s'est largement démocratisé au point de devenir un élément essentiel de l'identité nationale brésilienne. Le football nourrit également la fierté nationale : le Brésil est le seul pays qui ait été cinq fois champion du monde (la première fois en 1958).

Le football est enfin l'un des éléments de l'optimisme social : des enfants des *favelas* devenus joueurs de football peuvent se retrouver multimillionnaires. Il exprime la foi très forte chez les Brésiliens que demain sera mieux qu'aujourd'hui. Cependant, le football n'est pas le seul à permettre une ascension sociale : ainsi le président de la République, Lula, était ouvrier. D'ailleurs, le football et la politique sont étroitement liés. Ainsi, la dictature brésilienne de 1964 à 1983 a voulu instrumentaliser la victoire en 1970 en Coupe du monde.

Des manifestations récentes critiquent le coût exorbitant de l'organisation de la Coupe du monde en 2014, alors que l'éducation, la santé et les transports sont encore très insuffisants.

D'après Yves Saint-Geours, *L'Histoire*, 2011.

Doc. 2 Métissage... mais aussi racisme et exclusion

En 1938, l'anthropologue brésilien Gilberto Freyre dit : « Une des conditions de la force des Brésiliens est due au fait que nous avons eu le courage d'envoyer en Europe une équipe franchement afro-brésilienne [métissée] emmenée par Leônidas, qui donna son nom au chocolat. » Ce métissage influença la façon de jouer des Brésiliens, souvent considérée comme un art. Dans les années 1950, la révélation Pelé est d'origine « africaine », Garrincha a des ascendances indienne, blanche et noire, Feola l'entraîneur est d'origine italienne.

Si les plus grands joueurs brésiliens ne sont généralement pas « blancs », le racisme a cependant existé dans le football brésilien. Il a fallu attendre les années 1920 pour que le club Vasco à Rio embauche des joueurs noirs, ce qui entraîna son exclusion du championnat de Rio. Jusque dans les années 1940, certains clubs ont du mal à accepter des Noirs. Les joueurs non-blancs, comme le célèbre Didi, contournent ce refus en se défrisant les cheveux et/ou se mettant de la poudre de riz. En 1950, le gardien noir Moacir Barbosa est rendu responsable de la défaite du Brésil en finale contre l'Uruguay devant 200 000 spectateurs à Rio... alors qu'il fut désigné comme meilleur gardien du tournoi. Une défaite que beaucoup aimeraient voir effacer lors du Mondial de 2014 au Brésil.

É. Taïeb, © Nathan, 2014.

Leônidas da Silva (Leônidas)

Valdir Pereira (Didi)

Edson Arantes do Nascimento (Pelé)

Questions

1 Doc. 1. **EXPLIQUER.** En quoi le football est-il un élément d'identité locale et nationale ?

....

....

....

2 Doc. 1. **EXPLIQUER.** Quelles sont les dimensions politiques du football ?

....

....

....

....

3 Doc. 2. **ANALYSER.** Comment la sélection brésilienne de football reflète-t-elle le métissage du pays ?

....

....

4 Doc. 2. **ANALYSER.** Les « non-Blancs » ont-ils toujours eu une place dans le football brésilien ? Comment ont-ils contourné cette barrière qu'était leur couleur de peau ?

....

....

5 **ILLUSTRER.** Cherchez des footballeurs brésiliens connus qui ont joué un rôle socio-politique important depuis 1983.

....

....

B Le football, un enjeu économique mondial

Doc. 3 Budgets et résultats sportifs des clubs français

Budget annuel des clubs		Classement Ligue 1 (Saison 2012-2013)
Rang	En millions d'euros	
1. Paris Saint-Germain[1]	300	**1.** Paris Saint-Germain
2. Olympique lyonnais	145	**2.** Olympique lyonnais
3. Olympique de Marseille	110	**3.** Olympique de Marseille
4. LOSC (Lille)	100	**4.** Nice
6. Montpellier	60	**5.** Saint-Étienne
7. Rennes	50	**6.** LOSC (Lille)
8. Saint-Étienne	50	**9.** Montpellier[2]
11. Nancy	38	**12.** Bastia
14. Nice	29	**13.** Rennes
15. Évian	28	**14.** Reims
16. Brest	27	**16.** Évian
17. Bastia	22	**17.** AC Ajaccio
18. Reims	21	**18.** Nancy
19. AC Ajaccio	20	**19.** Troyes
20. Troyes	19	**20.** Brest

1. En 2011, le PSG a été racheté par les Qataris.
2. Montpellier a été champion de France en 2011-2012.

Source : D'après les chiffres de la Ligue de football professionnel, 2013.

Doc. 4 Revenus et résultats des clubs européens

Parmi les grands clubs européens vainqueurs de leurs championnats nationaux en 2012-2013, seul le club de la Juventus de Turin, avec 154 millions d'euros, présente un budget de fonctionnement inférieur à celui du PSG, de 300 millions d'euros. Paris a toutefois encore du retard puisque le Bayern Munich (350 millions d'euros), Manchester United (378 millions d'euros) et le FC Barcelone (470 millions d'euros) dépassent le budget du PSG.

Ces revenus viennent des droits télévisés, des sponsors, de la vente de maillots et de billets, etc. La publicité, les équipementiers, les commerces dans et autour des stades font aussi partie de l'économie du football.

Depuis quelques années, des milliardaires ou de riches fonds de pension investissent dans le football, ce qui ne suffit pas toujours pour être au sommet des championnats nationaux ou européens. Les clubs ayant obtenu le plus de résultats en Ligue des champions ces dernières années sont le FC Barcelone et le Bayern Munich, des clubs certes riches, mais aussi historiques et menant une politique de long terme, y compris au niveau de la formation des jeunes.

É. Taïeb, © Nathan, 2014.

Questions

6 Doc. 3. **ANALYSER.** Y a-t-il concordance entre le budget des clubs et leur classement sportif ?

....

....

7 Doc. 4. **EXPLIQUER.** D'où viennent les revenus des clubs ? Recherchez quel est le poids de l'économie du football dans l'économie mondiale.

....

....

....

8 Doc. 4. **ANALYSER.** Le montant de l'argent investi suffit-il pour obtenir de bons résultats européens ?

....

....

....

Pour conclure

À travers le football, nous avons vu qu'un même phénomène peut faire l'objet d'analyses économique, sociologique et politique, permettant de mieux comprendre la portée globale d'un phénomène.

- La **science économique** a pour objet la production, la consommation et l'échange de biens et de services rares.
- La **sociologie** étudie comment les sociétés fonctionnent et se transforment, les interactions entre les membres et les groupes sociaux qui les constituent.
- La **science politique** étudie les phénomènes de pouvoir et les acteurs de la vie politique d'une société ou de sociétés différentes.

À partir d'autres sports, donnez une dimension :

- **économique** : ....

....

....

- **sociale** : ....

....

- **politique** : ....

....

....

FICHE D'ACTIVITÉS 2

L'origine des revenus

Mots clés Revenus de transfert • Revenu disponible • Revenus primaires

A Les revenus primaires

Doc. 1 Que sont les revenus primaires ?

Les revenus primaires comprennent les revenus directement liés à une participation des individus au processus de production. La majeure partie de ces revenus primaires est constituée par la rémunération des salariés, qui comprend les salaires et les cotisations sociales. Ces revenus comprennent aussi les revenus de la propriété (intérêts, dividendes, revenus fonciers, etc.).

D'après www.insee.fr, 2013.

Doc. 2 Les différents revenus primaires

REVENUS PRIMAIRES

- **Revenus salariaux**
  Destinés aux salariés en échange de leur travail.
- **Revenus mixtes**
  Destinés aux indépendants, en contrepartie de leur travail et de la possession de leur outil de travail.
- **Revenus de la propriété**
  Destinés aux personnes possédant des actifs (loyers, dividendes, etc.).

Doc. 3 La répartition du revenu primaire

	1980	1990	2000	2012
Revenu primaire (en milliards d'euros)	**340,6**	**753,9**	**1 058,3**	**1 514,0**
Revenu primaire (en %)	**100**	**100**	**100**	**100**
– Rémunération des salariés	*73,3*	*71,2*	*71,5*	*72,5*
– Revenu mixte et assimilé	*20,9*	*20,3*	*19,8*	*18,8*
– Revenu de la propriété	*5,8*	*8,5*	*8,8*	*8,7*

Source : Insee, 2013.

Questions

1 Doc. 1 et 2. **EXPLIQUER.** Une personne qui reçoit des intérêts ou des dividendes participe-t-elle au processus de production ? Pourquoi ?

2 Doc. 1 et 2. **ILLUSTRER.** Complétez le tableau ci-contre : les revenus cités sont-ils des revenus primaires (oui ou non) ? Si oui, de quel type ?

Revenus	Revenu primaire ?	Revenu salarial, mixte ou de la propriété ?
Part des bénéfices d'une société distribuée aux actionnaires (dividendes)		
Rémunération d'un médecin libéral pour une consultation médicale		
Salaire		
Argent de poche		
Loyer perçu par un propriétaire		
Rémunération d'un agriculteur		
Héritage		

3 Doc. 3. **LIRE.** Pour chaque donnée en rouge, rédigez une phrase présentant l'information apportée.

4 Doc. 3. **CALCULER.** Comment a évolué la part de la rémunération des salariés dans le revenu primaire depuis 1980 ?

5 Doc. 3. **SYNTHÉTISER.** Quelle est l'origine principale des revenus primaires ?

B Les revenus de transfert et le revenu disponible

Doc. 4 Qu'est-ce que le revenu disponible ?

Par leur participation à l'activité économique, les individus reçoivent des revenus primaires. Mais ils peuvent aussi recevoir d'autres revenus : les revenus de transfert. Cependant, ils ne sont pas totalement libres de disposer de l'ensemble de ces revenus, car des prélèvements obligatoires, réalisés par les administrations publiques (État, Sécurité sociale, collectivités territoriales, etc.) sous forme d'impôts directs et de cotisations sociales, réduisent le montant final dont ils disposent. Ainsi, pour connaître leur capacité de consommation et d'épargne (qui peut prendre plusieurs formes : argent liquide, placements bancaires ou boursiers, etc.), il faut calculer le revenu disponible :

Revenu disponible (RD) = Revenus primaires + Revenus de transfert – (Impôts directs + Cotisations sociales)

R. Chartoire, © Nathan, 2014.

Doc. 5 Les différentes prestations de protection sociale en France

	2011 (en millions d'€)	2011/2010 (en %)	Part (en %)
Maladie	174 022	+1,9	....
Invalidité – accidents du travail	44 130	+4,3	....
Vieillesse – survie	290 064	+4,1	....
Famille – maternité	56 219	+1,2	....
Emploi	42 126	-1	....
Logement	16 777	+3,2	....
Pauvreté – exclusion sociale	15 498	+4,5	....
TOTAL	638 837	2,9	....

Source : TEF, 2014.

Point notion

Revenus de transfert

Les revenus de transfert (ou prestations sociales) sont des revenus distribués par le système de protection sociale aux ménages, destinés à alléger la charge financière que représente la protection contre un certain nombre de risques ou de besoins préalablement définis.

Questions

6 Doc. 4. **ILLUSTRER.** Parmi les termes suivants, soulignez ceux qui correspondent à des revenus de transfert.

- *Salaire*
- *Allocations chômage*
- *RSA (revenu de solidarité active)*
- *Prime versée à un salarié*
- *Pension retraite*
- *Allocations familiales*
- *Impôt sur le revenu*

7 Doc. 4. **EXPLIQUER.** Comment les revenus de transfert sont-ils financés ?

....

....

8 Doc. 4. **EXPLIQUER.** Pourquoi ces revenus ne sont-ils pas considérés comme des « revenus primaires » ?

....

....

9 Doc. 4. **CALCULER.** Imaginons un ménage avec deux enfants qui, au cours d'une année, a reçu un salaire annuel de 40 000 euros, des allocations familiales de 1 500 euros, a payé 4 000 euros d'impôts directs, et 6 000 euros de cotisations sociales. Quel est son revenu disponible ?

....

....

10 Doc. 5. **CALCULER ET EXPLIQUER.** Quelle est la part de chaque type de prestation sociale dans le total des prestations sociales ? Complétez le tableau. Quel type de prestation sociale a le plus augmenté entre 2010 et 2011 ?

....

....

Pour conclure

Les affirmations suivantes sont-elles vraies ou fausses ? Cochez la bonne réponse.

	Vrai	Faux
1. Le montant des revenus primaires d'un individu permet de connaître sa capacité de consommation et d'épargne.	☐	☐
2. Les revenus de transfert sont distribués par les entreprises à leurs salariés.	☐	☐
3. Les dividendes font partie des revenus de la propriété.	☐	☐
4. Le revenu disponible se partage entre consommation et épargne.	☐	☐
5. En France, les allocations logement représentent le revenu de transfert le plus élevé.	☐	☐

Comment évolue la consommation ?

Mot clé Consommation

A L'évolution quantitative de la consommation

Doc. 1 La consommation des ménages

Les dépenses de consommation finale des ménages comprennent les dépenses effectivement réalisées par les ménages pour acquérir des biens et des services destinés à la satisfaction de leurs besoins. Ces biens et services sont considérés comme consommés au moment de leur achat, même si leur utilisation est durable (voitures, électroménagers, meubles, etc.).

Les dépenses de consommation finale des ménages incluent la part des dépenses de santé, d'éducation, de logement, restant à leur charge, après remboursements éventuels.

D'après www.insee.fr, 2014.

Point notion

Biens et services

Un **bien** est un objet matériel résultant de la transformation de matières premières.

Un **service** correspond à la mise à disposition d'une capacité intellectuelle ou technique. Il est non « visible » et non stockable.

Doc. 2 L'évolution des dépenses en biens et services

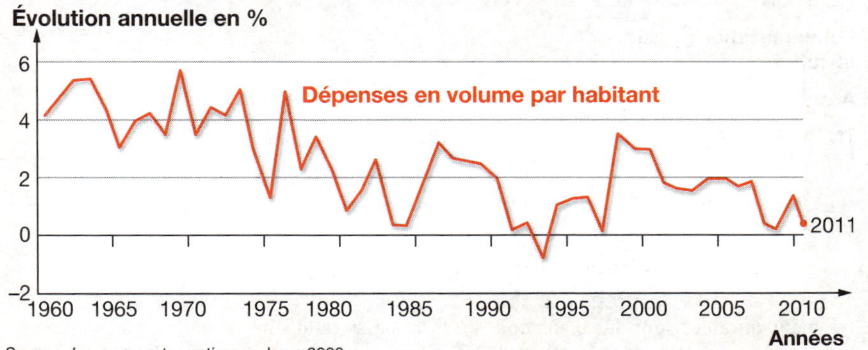

Source : *Insee, comptes nationaux*, base 2000.

Doc. 3 Une consommation de plus en plus socialisée

Notre consommation s'élève à environ 1 500 milliards d'euros. Nous dépensons environ 1 100 milliards d'euros de biens et de services. Mais nous consommons aussi des services individualisables proposés par les administrations publiques et par les associations, qui nous sont fournis à titre gratuit. Au total, le PIB s'élevant à 2 000 milliards d'euros, notre consommation totale s'élève à près des trois quarts du PIB. Une « socialisation de la consommation » est ainsi en œuvre. Les prélèvements opérés par la puissance publique en France (impôts, cotisations sociales, etc.) ont une contrepartie : l'accès (plus ou moins) gratuit aux services d'éducation, de santé, à certaines institutions culturelles, des aides au logement, etc. Toutes les prestations regroupées sous le nom de « dépenses de consommation individuelle des administrations publiques » ne donnent pas lieu à une dépense pour l'individu.

Nous consommons aussi des services non individualisables – la sécurité engendrée par l'existence d'une police et d'une armée par exemple –, qui ne sont pas inclus dans notre consommation effective.

Renaud Chartoire, « Le point sur la consommation des ménages », *Sciences humaines* n° 252, octobre 2013.

Questions

1 Doc. 1. **ILLUSTRER.** Parmi les dépenses suivantes, soulignez celles qui sont des dépenses de consommation finale des ménages.
Paiement de l'impôt sur le revenu • Achat d'une automobile • Achat d'un billet d'avion • Placement d'une somme sur un Livret A • Paiement d'une nourrice • Achat d'un micro-ondes

2 Doc. 2. **ANALYSER.** Quelles sont les deux grandes phases de l'évolution de la consommation ?

....

....

3 Doc. 3. **ILLUSTRER.** Donnez des exemples de services proposés gratuitement ou quasi gratuitement par les administrations publiques.

....

....

4 Doc. 3. **EXPLIQUER.** Pourquoi notre consommation est-elle en réalité plus élevée que nos dépenses de consommation ?

....

....

....

B L'évolution structurelle et qualitative de la consommation

Doc. 4 L'évolution structurelle de la consommation des ménages

En %	1960	1975	1990	2011
Alimentation	38	30	27	**13,6**
Habillement	14	13	11	4,3
Logement et équipement du logement	16	20	18	31,1
Santé (dépenses à la charge des ménages)	2	2	3	3,9
Transports	11	15	18	17,1
Communications, loisirs et culture	10	12	13	13,2
Autres	9	8	10	16,8
TOTAL	**100**	**100**	**100**	**100**

Source : Insee, 2013.

Point notion

Biens durables

Les biens durables sont des biens dont l'utilisation s'étend sur une longue période et dont la valeur diminue lentement avec le temps. Un bien durable conserve une valeur après usage ; il peut donc exister un marché de l'occasion.

Doc. 5 Taux d'équipement des ménages en biens durables (2010)

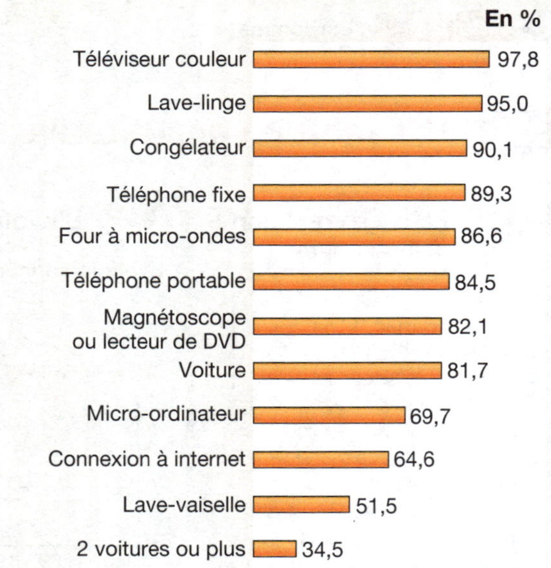

Source : *TEF*, *Insee*, 2013.

Questions

5 Doc. 4. **LIRE.** Rédigez une phrase présentant l'information apportée par la donnée en rouge.

....

....

6 Doc. 4. **ANALYSER.** Quels postes de consommation ont augmenté depuis 1960 ?

....

....

7 Doc. 4. **DÉDUIRE.** L'évolution du poste consacré à l'alimentation signifie-t-elle que les Français mangent moins en 2011 qu'en 1960 ?

....

....

8 Doc. 5. **EXPLIQUER.** Comment ce document montre-t-il la généralisation de l'accès aux biens durables dans la société française ?

....

....

....

Pour conclure

Choisissez la bonne réponse parmi les propositions suivantes.

1. Depuis les années 1960, la consommation des ménages français a :
   a. diminué. ☐ b. augmenté rapidement. ☐ c. augmenté, mais moins rapidement depuis les années 1980. ☐
2. La part de l'alimentation dans la consommation des ménages, depuis les années 1960 :
   a. diminue. ☐ b. augmente. ☐ c. reste stable. ☐
3. Une consommation plus socialisée signifie qu'une part de plus en plus importante de notre consommation :
   a. est à destination d'entreprises du secteur social. ☐ b. provient de subventions du parti socialiste. ☐
   c. provient de la consommation de services non marchands. ☐

Les déterminants économiques de la consommation

Mots clés Élasticité-prix • Élasticité-revenu • Loi d'Engel • Pouvoir d'achat • Revenu

A Consommation et pouvoir d'achat

Doc. 1 Consommation et revenus

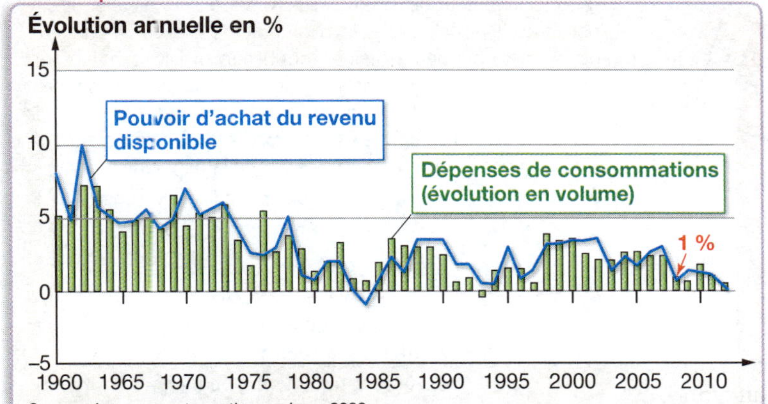

Source : *Insee, comptes nationaux*, base 2000.

Point notion

Pouvoir d'achat

Quantité de biens et de services qu'un individu peut se procurer avec son revenu disponible. Son évolution est liée à celles des prix et du revenu disponible.

Doc. 2 Une modification de la consommation

Nous consommons plus, mais surtout autrement. Notre « panier moyen de consommation » a évolué depuis les Trente Glorieuses. Le statisticien Ernst Engel avait dès le XIXe siècle établi une loi (dite « loi d'Engel ») selon laquelle lorsque le revenu augmente, la part de la consommation destinée à l'alimentation diminue. Non que l'on se nourrisse moins, bien au contraire ; simplement, l'accroissement de nos dépenses de consommation alimentaire se révèle toujours, selon cette loi, moins que proportionnel à la hausse de nos revenus.

L'évolution de nos revenus a un impact sur nos choix de consommation, tout simplement parce qu'elle induit de nouveaux besoins. Par exemple, la consommation de biens de luxe s'accroît avec le revenu. Les économistes appellent cela l'élasticité-revenu ; lorsqu'elle est supérieure à un, une hausse de 1 % de notre revenu entraîne une hausse de la consommation du bien supérieure à 1 %.

R. Chartoire, « Le point sur la consommation des ménages », *Sciences humaines* n° 252, 2013.

Point notion

Élasticité-revenu

$$\frac{\text{Taux de variation de la consommation du bien}}{\text{Taux de variation du revenu}}$$

➔ Fiche méthode E

Questions

1 Doc. 1. **COMPARER.** Existe-t-il un lien entre l'évolution du pouvoir d'achat du revenu disponible et celui des dépenses de consommation en volume ? Si oui, comment peut-on l'expliquer ?

2 Doc. 2. **CALCULER.** Lorsque le revenu mensuel d'un individu passe de 2 000 à 3 000 euros, ses dépenses mensuelles d'achat de places de cinéma passent de 40 à 80 euros. Quelle est l'élasticité-revenu de ses dépenses en places de cinéma ?

3 Doc. 2. **EXPLIQUER.** Que signifie une élasticité-revenu négative ?

4 Doc. 2. **ILLUSTRER.** Trouvez des exemples de dépenses de consommation dont l'élasticité-revenu est positive, et d'autres dont elle est négative. Vous pouvez vous aider du document 4 p. 10.

5 Doc. 2 **EXPLIQUER.** À partir du document 4 p. 10, peut-on dire que la loi d'Engel a été vérifiée en France depuis 1960 ? Justifiez votre réponse.

B L'impact des prix sur la consommation

Doc. 3 Prix et consommation de quelques biens et services

Doc. 4 Qu'est-ce que l'élasticité-prix ?

En 2004, le prix du vaccin contre la grippe augmenta considérablement aux États-Unis. Pourtant, cela ne modifia pas beaucoup les quantités demandées par les consommateurs. De manière évidente, la demande de vaccins contre la grippe a quelque chose de particulier de ce point de vue. Pour beaucoup de personnes, se faire vacciner peut faire la différence entre la vie et la mort.

Prenons une situation différente et moins dramatique. Supposez par exemple que l'offre de céréales pour petit déjeuner d'un genre particulier soit divisée de moitié à cause de problèmes de fabrication. Il serait très difficile, si ce n'est impossible, de trouver un consommateur disposé à payer 10 fois le prix initial pour une boîte de ce type de céréales. En d'autres termes, les consommateurs de céréales pour petit déjeuner sont beaucoup plus sensibles aux prix que les consommateurs de vaccins contre la grippe. Comment définissons-nous cette sensibilité ? Les économistes mesurent la réactivité des consommateurs aux prix grâce à un indicateur spécifique que l'on appelle l'élasticité-prix de la demande.

Paul Krugman, *Microéconomie*, éditions De Boeck, 2009.

Point notion

Élasticité-prix

$$\frac{\text{Taux de variation de la consommation du bien x}}{\text{Taux de variation du prix du bien x}}$$

➔ Fiche méthode E

Questions

6 Doc. 3. **ILLUSTRER.** Si le prix des biens et services représentés ci-dessus doublait, quelle serait votre réaction ? Pour chaque proposition, entourez les réponses de votre choix.

- Vous décidez de diminuer très fortement votre consommation de ce bien : a b c d
- Vous décidez de diminuer seulement un petit peu la consommation de ce bien : a b c d
- Vous ne changez en rien vos habitudes de consommation de ce bien : a b c d

7 Doc. 4. **EXPLIQUER.** Pourquoi une évolution du prix d'un bien peut-elle parfois ne pas avoir d'impact sur la consommation de ce bien ?

....

....

....

8 Doc. 4. **CALCULER.** Au supermarché, un lot de 12 yaourts qui coûtait 5 euros coûte dorénavant 7 euros. Vous décidez alors de réduire votre consommation de yaourts. Auparavant, vous achetiez 30 lots de yaourts par an ; dorénavant, vous n'en achèterez plus que 20. Déterminez l'élasticité-prix des yaourts.

....

....

Pour conclure

Complétez le texte ci-dessous à l'aide des mots suivants :

revenu • diminue • augmente • positive (x2) • élasticité • négative (x2)

Le niveau des revenus peut avoir un impact sur les choix de consommation. Ainsi, quand l' .... -revenu d'un bien est positive, une hausse du .... se traduit par une augmentation de la consommation de ce bien.

Généralement, quand le prix d'un bien ou d'un service augmente, la consommation .... Donc, quand la variation des prix est .... (dans ce cas, le prix ....), la variation de la consommation est .... , et quand la variation des prix est négative (dans ce cas le prix diminue), la variation de la consommation est ....

Comme l'élasticité-prix est le rapport entre la variation de la consommation et la variation du prix, on peut donc en déduire que généralement, l'élasticité-prix est ....

Les SES *autrement*

Rédiger un article de presse

Les Français et leur épargne

Mot clé Épargne

A Faire le point sur l'information

DÉMARCHE

• Imaginez que vous êtes **journaliste** et que votre rédacteur en chef vous demande de rédiger un **article** sur le sujet suivant : « Les Français et leur épargne ».

1. Réunir l'information

• Un article doit, pour intéresser les lecteurs, **transmettre des informations**. Le premier rôle du journaliste est de **réunir de l'information** sur le sujet. Il est important pour cela de collecter des **informations de référence**. Dans votre rôle de journaliste, vous pouvez vous rendre au **CDI** ou sur **Internet**, et chercher des informations à partir de mots clés, tels que « utilisation des revenus », « consommation », « épargne ».

a. De quoi parle-t-on ?

• Il faut donner la **définition des termes** du sujet, que vous pouvez chercher dans des manuels ou dans des dictionnaires de SES.

→ L'épargne est la part du revenu du ménage qui n'est pas consommée. On distingue notamment :
– le patrimoine financier, constitué de produits financiers détenus par les ménages (différents types de livrets d'épargne, titres financiers acquis à la Bourse, etc.) ;
– le patrimoine immobilier, constitué des biens immobiliers détenus par les ménages.

b. Quelles sont les données disponibles ?

• En SES, il est nécessaire de s'appuyer sur des **données statistiques**, telles que celles produites par l'Insee (Institut national de la statistique et des études économiques).

APPLICATION

Doc. 1 Le taux d'épargne des ménages (2012)

En %	Taux d'épargne[1]	Taux d'épargne financière[2]	Taux d'investissement en logement[3]
2000	14,4	6,1	8,4
2005	14,7	4,9	9,3
2010	15,9	7,0	8,7
2011	16,0	6,7	9,0
2012	15,6	6,1	9,1

1. Le taux d'épargne est le rapport entre l'épargne des ménages et leur revenu disponible.
2. Le taux d'épargne financière est le rapport entre l'épargne financière des ménages (achats de titres financiers, placements en assurance vie ou sur des livrets bancaires…) et leur revenu disponible.
3. Le taux d'investissement en logement est le rapport entre l'achat de logements des ménages et leur revenu disponible.

Source : Insee, 2013.

Doc. 2 Que font les Français de leur épargne ?

En % du nombre de ménages vivant en France	1998	2004	2010
ENSEMBLE PATRIMOINE FINANCIER	**91,6**	**91,4**	**92,1**
– *Livrets d'épargne*	83,5	83,2	85,0
– *Épargne logement*	40,9	41,3	31,2
– *Valeurs mobilières*	21,2	24,2	19,3
– *Assurance vie, épargne retraite*	45,8	43,8	48,3
– *Épargne salariale*	12,7	16,7	15,1
ENSEMBLE PATRIMOINE IMMOBILIER	**58,5**	**60,5**	**61,9**

Lecture : en 2010, 85 % des ménages vivant en France métropolitaine détiennent au moins un livret d'épargne. Ils étaient 83,5 % en 1998.

Source : Insee, enquêtes patrimoines, 1997-2010.

1 Doc. 1. Quelle est l'évolution du taux d'épargne des Français entre 2000 et 2012 ? ➔ Fiche méthode B

....

....

....

....

2 Doc. 2. Qu'est-ce qui correspond, dans ce tableau, à une « épargne financière » ?

....

....

....

3 Doc. 2. Vers quels types de placements les Français se tournent-ils en priorité ? Pourquoi selon vous ?

....

....

....

....

B Rédiger l'article

DÉMARCHE

• Après avoir réuni toutes les informations dont vous aviez besoin, il faut **rédiger l'article** en choisissant les **informations pertinentes**. Le rédacteur en chef vous demande de rédiger un article d'environ 5 000 signes, soit une page A4 environ.

2. Adapter l'information

• Il faut rendre votre article « **vivant** » et « **concret** ». Les journalistes illustrent souvent leurs articles avec des **interviews ou des cas concrets**.

• Par exemple, vous pouvez vous appuyer sur un **questionnaire** que vous ferez passer à des membres de votre entourage.

→ Exemples de questions :

– Parvenez-vous à épargner une partie de votre revenu ? Si oui, dans quelle proportion par rapport à votre revenu ?

– Pour quelle raison épargnez-vous une partie de votre revenu ?

– Si vous parvenez à mettre de l'argent de côté, qu'en faites-vous ? Le gardez-vous « en liquide » ? Le placez-vous ? Si oui, sous quelles formes ?

• Vous pouvez aussi vous appuyer sur des **publicités**.

3. Synthétiser et organiser

a. Recenser vos informations

• **Notez** toutes les informations que vous avez déjà trouvées dans les documents fournis et grâce à vos propres recherches.

b. Hiérarchiser vos informations

• Parmi toutes les informations trouvées, déterminez celles qui vous semblent les plus **importantes**.

• **Classez les informations par types** : celles qui définissent les notions, celles qui apportent des informations chiffrées, etc.

4. Mettre l'article en forme

Vous êtes à présent prêt à rédiger et vous allez suivre les étapes suivantes :

a. Trouver une accroche

• L'idéal est de commencer par un **exemple concret** pour attirer l'attention du lecteur. Par exemple, dans vos questionnaires ou vos rencontres, n'avez-vous pas eu accès à une **anecdote** amusante ?

b. Rédiger le développement

• Le rôle du développement est de donner aux lecteurs le maximum d'**informations**, sans l'ennuyer pour autant. Il faut définir les **termes** employés, et apporter des éléments qui permettront de répondre à votre **question centrale** : « Comment et pourquoi les ménages épargnent-ils une partie de leurs revenus ? »

c. Rédiger la conclusion

• Enfin, résumez en quelques points les principales informations que vous avez préalablement développées.

APPLICATION

Doc. 3 **Le Livret A, le placement préféré des Français**

4 Doc. 3. Recherchez ce qu'est un Livret A et quel est son taux d'intérêt actuel. Pourquoi de nombreux Français placent-ils leur argent sur un Livret A ?

....

....

....

5 Notez sur une feuille à part toutes les informations que vous avez recensées sur votre sujet.

6 Rédigez l'introduction de votre article.

....

....

....

....

....

....

....

....

....

....

7 Présentez le plan du développement de votre article.

....

....

....

8 Présentez le plan de la conclusion de votre article.

....

....

....

9 Rédigez sur une feuille à part votre article d'environ 5 000 signes.

Comment les revenus et les prix influencent-ils les choix des consommateurs ?

L'essentiel

1 L'origine des revenus

- Les individus reçoivent des **revenus primaires**. Ces revenus sont la contrepartie d'une **participation à l'activité productive**. Ils comprennent les **revenus salariaux** (salaires), les **revenus de la propriété** (intérêts, dividendes) et les **revenus mixtes** (rémunération des travailleurs indépendants). Les revenus primaires sont principalement constitués des revenus salariaux.
- Les individus peuvent aussi recevoir des **revenus de transfert**, versés par le système de **protection sociale** (pensions de retraite, allocations familiales, etc.).
- Pour **consommer et épargner**, les individus utilisent leur **revenu disponible**. Il est égal à la somme des revenus primaires et des revenus de transfert, dont sont déduits les cotisations sociales et les impôts directs. La **consommation** inclut les dépenses en **biens et services marchands**, mais elle comprend aussi des **services non marchands** financés par les prélèvements obligatoires.

2 Les ménages consomment et épargnent

- La consommation au début du XXIe siècle est plus élevée que dans les années 1960 ; les dépenses en biens et services n'ont cessé d'augmenter pendant cette période. Cette **hausse de la consommation** est liée à la **hausse du pouvoir d'achat du revenu disponible**. Le pouvoir d'achat correspond au volume de biens et de services qu'un individu peut se procurer avec son revenu disponible.
- Aujourd'hui, conformément à la **loi d'Engel**, la part réservée à l'**alimentation s'est réduite** ; son coefficient budgétaire est passé de 38 % à 13,6 % entre 1960 et 2011. Les **services** prennent une part prépondérante dans le budget des ménages (plus de 50 %).
- L'**épargne** des ménages est la partie non consommée de leur revenu disponible. Elle peut prendre plusieurs formes : **liquide** (épargne gardée sous forme monétaire), **financière** (placements en livrets d'épargne, assurance vie, produits financiers divers, etc.), ou **investissement** (achat de logements).

3 Les déterminants économiques de la consommation

- La consommation dépend du **niveau de revenus** ; certains biens ont une **élasticité-revenu positive**, une hausse du revenu se traduit par une hausse de la consommation de ce bien. Cette élasticité peut être **négative**, une hausse du revenu entraîne une baisse de la consommation de ce bien.
- La consommation dépend aussi du **niveau des prix** : généralement, l'**élasticité-prix** est **négative**, ce qui signifie que quand le prix d'un bien augmente, sa consommation diminue.

Mots clés

Consommation : utilisation de biens et services dans le but de satisfaire des besoins.

Élasticité-prix : variation relative de la demande d'un bien par rapport à la variation relative du prix de ce bien. L'élasticité-prix est généralement négative, car une hausse du prix se traduit habituellement par une baisse de la demande.

Élasticité-revenu : variation relative de la demande d'un bien par rapport à la variation relative du revenu.

Épargne : part du revenu disponible qui n'est pas consommée immédiatement.

Pouvoir d'achat : quantité de biens et de services qu'un individu peut se procurer avec son revenu disponible.

Revenu disponible : revenu que les individus peuvent réellement consommer ou épargner, après avoir ajouté au revenu primaire les prestations sociales et soustrait les impôts et cotisations sociales.

Revenus primaires : revenus perçus par les individus en contrepartie de leur participation au processus de production. Ces revenus comprennent : la rémunération des salariés, les revenus de la propriété, les revenus mixtes.

Revenus de transfert : revenus distribués aux ménages par le système de protection sociale, destinés à alléger la charge financière que représente la protection contre un certain nombre de risques ou de besoins préalablement définis. Ils comprennent les pensions de retraite, les allocations familiales, etc.

Testez vous !

Exercices

Exercice 1

... / 6 points

Complétez le schéma suivant. *(1 point par bonne réponse)*

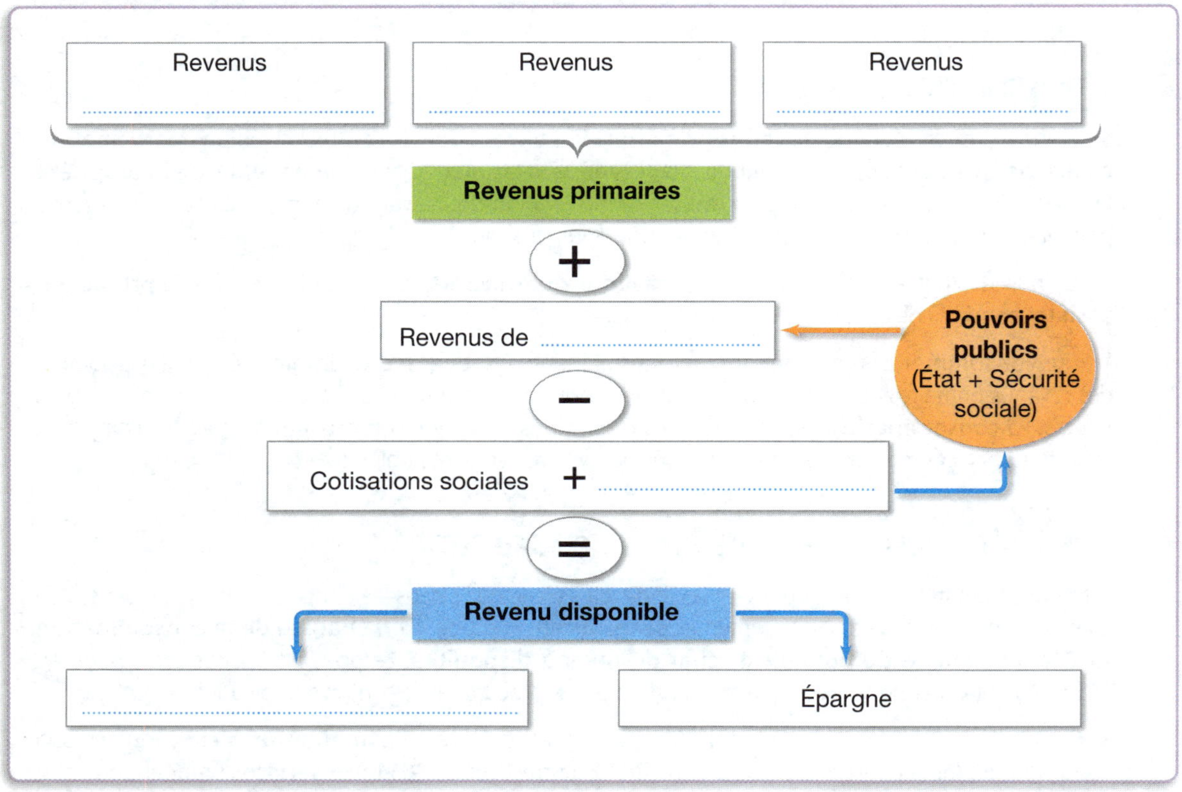

Exercice 2

... / 6 points

Reliez chaque revenu au type de revenu correspondant. *(1 point par bonne réponse)*

Allocations chômage (1)	(a) Revenu salarial
Honoraires d'un médecin (2)	(b) Revenu de la propriété
Pension de retraite (3)	(c) Revenu mixte
Paiement d'une course à un artisan taxi (4)	(d) Revenu de transfert
Intérêts perçus sur un Livret A (5)	
Salaire d'un ouvrier (6)	

Exercice 3

... / 8 points

Les affirmations suivantes sont-elles vraies ou fausses ? *(1 point par bonne réponse)*

	Vrai	Faux
1 Une élasticité-prix de la demande positive signifie que quand le prix d'un bien augmente, la consommation de ce bien augmente aussi.	☐	☐
2 L'achat de logements fait partie de l'épargne financière.	☐	☐
3 Les avantages en nature donnés à un salarié font partie des revenus du patrimoine.	☐	☐
4 Les revenus de transfert sont ajoutés aux revenus primaires dans le calcul du revenu disponible.	☐	☐
5 La consommation des ménages français a globalement reculé depuis une vingtaine d'années.	☐	☐
6 La loi d'Engel énonce que lorsque le revenu augmente, la part des dépenses de consommation consacrées à l'alimentation diminue.	☐	☐
7 Une hausse des cotisations sociales accroît le revenu disponible.	☐	☐
8 Toute consommation d'un ménage implique nécessairement une dépense de sa part.	☐	☐

La téléphonie mobile : une consommation différenciée selon l'âge

Mots clés Consommation • Consommation différenciée

A L'équipement en téléphone mobile selon l'âge

Doc. 1 Qui dispose d'un téléphone mobile ?

En %	2005	2012	Évolution 2005-2012 (en points de %)
ENSEMBLE	70	88	+ 18
12-17 ans	72	88	....
18-24 ans	94	99	....
25-39 ans	85	98	....
40-59 ans	73	92	....
60-69 ans	54	85	....
70 ans et plus	27	56	....

Source : *Crédoc*, juin 2013.

Doc. 2 Équipement en smartphone

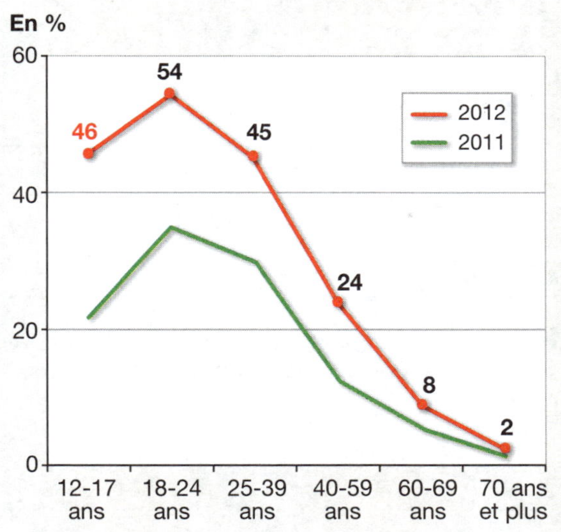

Source : *Crédoc*, juin 2013.

Doc. 3 Un téléphone mobile et un smartphone

Questions

1 Doc. 1. **LIRE.** Pour chaque donnée en rouge, rédigez une phrase présentant l'information apportée.

....

....

....

....

....

2 Doc. 1. **CALCULER.** Pour chaque tranche d'âge, mesurez l'évolution de la proportion d'individus disposant d'un téléphone mobile entre 2005 et 2012. Reportez vos résultats dans le tableau.

3 Doc. 1. **COMPARER.** Comment ont évolué, entre 2005 et 2012, les écarts de taux d'équipement en téléphones mobiles entre les tranches d'âge ?

....

....

4 Doc. 2. **LIRE.** Rédigez une phrase présentant l'information apportée par la donnée en rouge.

....

....

5 Doc. 2 et 3. **COMPARER.** Commentez l'évolution, entre 2011 et 2012, des taux d'équipement en smartphone en fonction de l'âge.

....

....

....

B Des usages différenciés de la téléphonie mobile selon l'âge

Doc. 4 Différents usages du téléphone mobile

En %, en 2012	Envoyer un SMS	Naviguer sur Internet	Consulter des emails	Télécharger des applications
ENSEMBLE	**65**	**29**	**23**	**25**
12-17 ans	86	49	20	41
18-24 ans	98	60	44	49
25-39 ans	87	44	38	35
40-59 ans	69	24	22	13
60-69 ans	37	7	8	3
70 ans et plus	13	2	2	1

Source : *Crédoc*, juin 2013.

Doc. 5 Le nombre de SMS envoyés par semaine

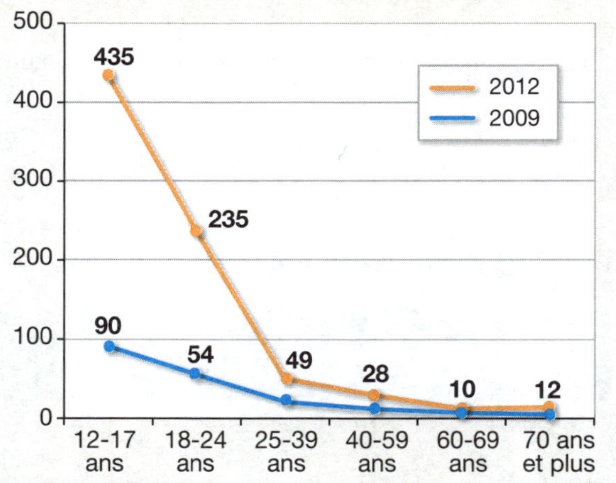

Source : *Crédoc*, juin 2013.

Questions

6 Doc. 4. **LIRE.** Pour chaque donnée en rouge, rédigez une phrase présentant l'information apportée.

....

....

....

....

....

7 Doc. 4. **ANALYSER.** Montrez que les usages du téléphone mobile sont très variables selon l'âge.

....

....

....

....

Doc. 6 Deux façons de s'exprimer

Dessin de Deligne, 2012.

8 Doc. 5. **COMPARER.** Comment a évolué, entre 2009 et 2012, le nombre de SMS envoyés par semaine par les 12-17 ans ? Et celui des 25 ans et plus ?

....

....

....

9 Doc. 4 et 6. **EXPLIQUER.** En quoi le dessin permet-il d'expliquer les informations présentées dans le document 4 ?

....

....

Pour conclure

Complétez le texte suivant en vous appuyant sur les informations présentes dans les documents.

L'âge des individus a une influence sur leur consommation en téléphonie mobile. Si les écarts en taux d'équipement en fonction de l'âge se sont .... entre 2005 et 2012, ils restent non négligeables. En effet, 99 % des 18-24 ans sont équipés en 2012, contre seulement .... des 70 ans et plus, soit un écart de .... points. L'âge a encore plus d'impact sur les usages de ces téléphones. Ainsi, ce sont par exemple les .... ans qui envoient le plus de SMS, soit .... fois plus que les 70 ans et plus.

De nombreux facteurs de différenciation de la consommation

Mots clés ➤ Consommation • Consommation différenciée

A Une consommation influencée par le sexe et le niveau de diplôme

Doc. 1 La fréquentation de spectacles selon le niveau de diplôme

En %	Spectacle de danse	Music-hall, variétés	Opéra ou opérette	Concert de rock	Concert de jazz	Concert de musique classique	Pièce de théâtre jouée par des professionnels
ENSEMBLE	**8**	**11**	**4**	**10**	**6**	**7**	**19**
Aucun diplôme, CEP	3	7	2	3	2	4	9
Brevet	8	17	4	9	6	5	17
CAP, BEP	6	11	3	8	5	4	12
BAC	10	14	4	11	7	10	20
BAC +2 ou +3	14	17	7	21	13	13	29
BAC +4 et plus	21	21	15	21	21	30	47

Source : Ministère de la Culture et de la Communication, 2008.

Questions

1 Doc. 1. **LIRE.** Rédigez une phrase présentant l'information apportée par la donnée en rouge.

....

....

....

....

2 Doc. 1. **EXPLIQUER.** Comment peut-on, selon vous, expliquer les écarts de fréquentation de spectacles selon le niveau de diplôme ?

....

....

....

....

....

....

Doc. 2 Des pratiques sportives distinctes selon le sexe

Fédérations françaises	Licences masculines	Licences féminines	Total licences	% de femmes
Football	1 837 500	86 318	1 923 818	....
Tennis	779 099	332 217	1 111 316	....
Équitation	123 661	582 788	706 449	....
Basket-ball	283 493	176 122	459 615	....
Rugby	322 594	16 556	339 150	....
Gymnastique	60 719	225 560	286 279	....
Danse	10 462	68 323	78 785	....

Source : Ministère des Sports, 2012.

3 Doc. 2 **LIRE.** Pour chaque donnée en rouge, rédigez une phrase présentant l'information apportée.

....

....

4 Doc. 2. **CALCULER.** Complétez la dernière colonne du tableau. ➲ Fiche méthode A

5 Doc. 2. **ANALYSER.** Montrez que les pratiques sportives sont distinctes selon le sexe.

....

....

....

B Des pratiques cinématographiques liées à la CSP et au lieu de résidence

Doc. 3 Sorties au cinéma selon la catégorie socioprofessionnelle

→ Environ combien de fois êtes-vous allé au cinéma au cours des douze derniers mois ?

En 2009, en %	Aucune fois	De 1 à 3 fois	De 7 à 12 fois
Agriculteurs exploitants	62	21	3
Artisans, commerçants, chefs d'entreprise	47	24	7
Cadres et professions intellectuelles supérieures	20	26	18
Professions intermédiaires	29	29	12
Employés	41	28	8
Ouvriers	53	27	6
Retraités	70	15	4
Autres inactifs	36	22	15
ENSEMBLE	**47**	**23**	**9**

Champ : France métropolitaine, individus de 16 ans ou plus.

Source : Insee, 2009.

Doc. 4 Sorties au cinéma selon le lieu de résidence (2012)

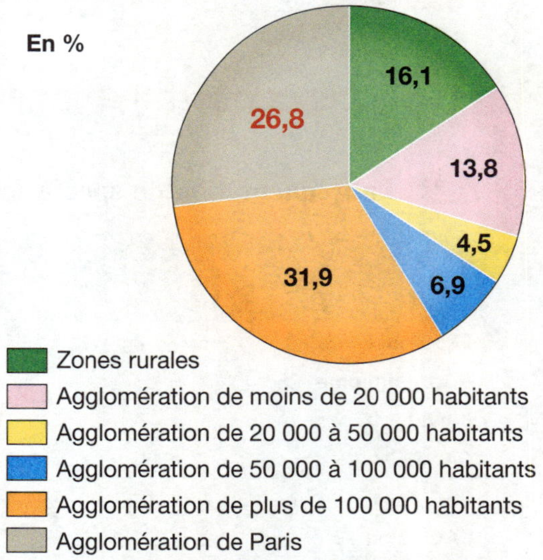

Source : D'après CNC, « Évolution du public des salles de cinéma » (1993-2012), 2013.

Questions

6 Doc. 3. **LIRE.** Pour chaque donnée en rouge, rédigez une phrase présentant l'information apportée.

....

....

....

7 Doc. 3. **COMPARER ET ANALYSER.** Quelles catégories socioprofessionnelles vont le plus fréquemment au cinéma ? Quelles sont celles qui y vont le moins ? Pourquoi selon vous ?

....

....

....

....

8 Doc. 4. **LIRE.** Rédigez une phrase présentant l'information apportée par la donnée en rouge.

....

....

9 Doc. 4. **ANALYSER.** Le lieu de résidence a-t-il une influence sur la consommation cinématographique ? Justifiez votre réponse.

....

....

....

Pour conclure

Les affirmations suivantes sont-elles vraies ou fausses ? Cochez la bonne réponse.

	Vrai	Faux
1. Les ouvriers constituent la CSP qui va le moins souvent au cinéma.	☐	☐
2. Les femmes sont le plus souvent licenciées dans des fédérations de sports collectifs.	☐	☐
3. Les hommes représentent environ 95 % des licenciés de la Fédération française de football.	☐	☐
4. Le niveau de diplôme a très peu d'influence sur la fréquentation de spectacles.	☐	☐
5. Le public cinématographique réside majoritairement dans de grandes agglomérations.	☐	☐

La consommation : entre distinction et imitation

Mots clés Consommation ostentatoire • Effet de distinction • Effet d'imitation • Effet de signe

A Consommer pour se différencier d'autrui : l'effet de distinction

Doc. 1 La consommation : un acte de représentation sociale

Pour Veblen [dans *Théorie de la classe de loisir (1899)*], la domination sociale passe par les loisirs comme démonstration d'une puissance sociale et pécuniaire. Plus un individu prend de vacances, et – surtout – plus il dépense d'argent au cours de ses vacances, plus il affirme son statut social supérieur par rapport à tous ceux qui sont obligés de travailler et, quand ils sont en vacances, d'être économes.

Pour Veblen, voilà qui explique pourquoi la classe de loisir prend autant de soin et de temps à gaspiller son argent, en s'inventant des dépenses toujours plus inutiles et extravagantes, en s'entichant pour la dernière mode et les objets les plus chers, et en donnant des fêtes onéreuses. Un tel comportement [...] est justifié par sa fonction sociale : il sert à prouver aux autres qu'on appartient bien à la classe de loisir, c'est-à-dire qu'on a effectivement les moyens de s'adonner à des loisirs coûteux. C'est ce que Veblen appelle la « **consommation ostentatoire** ».

Ses analyses vont plus loin encore : elles suggèrent que les milieux modestes attendent eux aussi des riches une telle consommation ostentatoire. [...] Les pauvres, selon Veblen, attendent des riches qu'ils leur fassent vivre par procuration les loisirs de rêve auxquels eux-mêmes ne peuvent pas accéder.

Cyril Lemieux, « Vacances d'été : en prendre ou pas », *Alternatives économiques* n° 315, juillet 2012.

Doc. 2 Gatsby le Magnifique

Leonardo DiCaprio dans le rôle de Gatsby.
Gatsby le Magnifique, film de Baz Luhrmann, 2013.

Questions

1 Doc. 1. **DÉFINIR.** Qu'est-ce que la « consommation ostentatoire » ? Quel en est, selon Veblen, l'objectif ?

....

....

....

....

2 Doc. 1. **ILLUSTRER.** Montrez, à l'aide du texte et d'exemples personnels, que les vacances peuvent être, pour certains, un moyen de se distinguer.

....

....

....

....

3 Doc. 1. **ILLUSTRER.** Donnez d'autres exemples de consommation ostentatoire.

....

....

....

....

4 Doc. 2. **ANALYSER.** En quoi cette photographie peut-elle caractériser la « consommation ostentatoire » ?

....

....

....

....

....

B Consommer pour faire comme les autres : l'effet d'imitation

Doc. 3 Mode et consommation

On ne parlait pas encore, à Berlin, en 1905, de *fashion victim*. Pourtant, le phénomène était déjà là, et bien en place : addictions aux nouveautés, surenchères de singularité – cette étrange combinaison de panurgisme[1] et d'originalité qu'on appelle la mode exerçait ses ravages. Le philosophe Georg Simmel (1858-1918) les décortique, en quelques pages denses et lumineuses d'intelligence. Il explique comment la mode réussit un incroyable alliage de mouvements contraires. Porter les vêtements, les accessoires, les teintes et les formes de la saison – ou encore adopter les derniers tics de langage, les convictions nouvelles, les jugements chics du jour –, c'est à la fois faire comme les autres, en suivant le courant, mais aussi se distinguer de ceux qui restent à la traîne, qui n'ont pas les moyens réels, ou la clairvoyance supposée, de sortir de la grisaille commune.

Le génie de la mode est donc de réunir conformisme collectif et apparence de décision individuelle libre, soumission à des diktats arbitraires et revendication d'originalité personnelle. En se singularisant, les fous de mode s'intègrent à une communauté et, en s'y intégrant, croient en sortir par leur singularité. Ainsi chacun, agissant comme les autres, ne paraît décider que comme lui seul.

Roger-Pol Droit, « Le vrai génie de Georg Simmel », *Le Monde*, 6 septembre 2013.

1. Comportement conformiste et grégaire. Vient de Panurge, personnage créé par Rabelais (1494-1553) qui, ayant marchandé un mouton à un berger, finit par le jeter à l'eau. Tout le troupeau suit le mouton et se noie : cela a donné l'expression « moutons de Panurge ».

Doc. 4 Marques et conformisme

Affiche du collectif « Casseurs de pub » pour la rentrée sans marque, 2002.

Questions

5 Doc. 3. **DÉFINIR.** Qu'est-ce que la mode, d'après vous ?

....

....

6 Doc. 4. **ANALYSER.** Décrivez l'affiche, et expliquez ce qu'elle dénonce.

....

....

....

....

....

7 Doc. 3. **EXPLIQUER.** Que signifie la phrase soulignée ?

....

....

....

....

8 Doc. 3 et 4. **COMPARER.** En quoi le document 4 permet-il d'illustrer le document 3 ?

....

....

....

....

Pour conclure

Parmi les propositions suivantes, soulignez celles qui peuvent être apparentées à de la consommation ostentatoire.

1. Acheter un forfait de téléphonie mobile.
2. Acheter une montre Rolex.
3. Acheter une baguette de pain.
4. Acheter un sirop contre la toux.
5. Acheter un chalet de 500 m² à Courchevel.
6. Acheter un T-shirt du groupe de rock Iron Maiden.

Les SES autrement

Décrypter une publicité

↳ Influencer les consommateurs

Mots clés Consommation • Publicité

A Pourquoi et comment analyser une publicité ?

DÉMARCHE

1. Qu'est-ce que la publicité ?

• La publicité est le fait d'exercer une **action psychologique** sur le public à des **fins commerciales**. La publicité peut être informative, faire connaître un produit en présentant certaines de ses caractéristiques ; elle peut aussi viser à **vanter le produit et à inciter à l'achat**.

• Pour analyser une publicité, il s'agit non seulement de **décrire les éléments objectifs** qui la composent, mais aussi de la « **décoder** », la « **décrypter** », c'est-à-dire de déterminer les significations des divers éléments qui la composent. Par quels procédés la publicité peut-elle influencer les consommateurs potentiels ? Quel est le public visé ? Quels « messages » sont mis en avant ?

2. Décrire la publicité

• Faites d'abord apparaître la **structure globale** de la publicité, le cadrage, les couleurs, la lumière, les formes principales, la place du texte par rapport à l'image, etc.

• Relevez ensuite la présence des **objets**, **personnages**, **lieux** qui la composent, en précisant pour chacun leurs caractéristiques : taille, place (premier/arrière-plan), couleurs. Pour les personnages, décrivez leur tenue vestimentaire, leur expression, etc.

• Étudiez les **éléments linguistiques**. Y a-t-il du texte ? Y a-t-il un slogan ? Quelle taille ? Quelle police ? Quelle disposition ? Quelle couleur ? Y a-t-il des figures de style ou des jeux de mots ?

Conseil : allez du général au particulier.

APPLICATION

Doc. 1 Publicité Air France (2009)

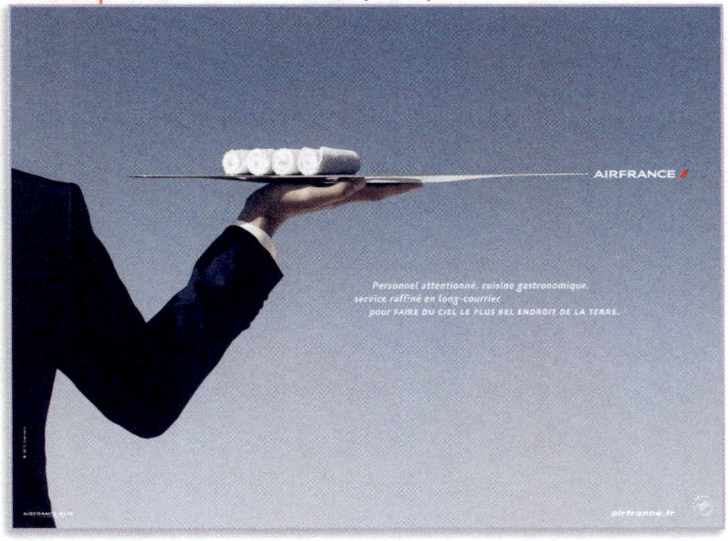

1 Doc. 1. Décrivez cette publicité pour Air France.

....

....

....

....

....

....

....

....

....

....

Doc. 2 Publicité Transavia.com (2011)

2 Doc. 2. Décrivez cette publicité pour Transavia.

....

....

....

....

....

....

....

....

....

....

....

....

B L'influence de la publicité

DÉMARCHE

3. Interpréter la publicité

- Il s'agit d'**interpréter** les différents **éléments** repérés précédemment, c'est-à-dire de les **décoder** afin d'établir les **sens de lecture** de cette publicité.
- On pourra par exemple se demander, à partir des éléments repérés dans l'étape précédente : quelle est l'ambiance ? Quelle est l'atmosphère suggérée ? Qu'est-ce qui est mis en avant ? Le (ou les) personnages ? Le produit ? Le lieu ? La marque ?

4. Conclure

- Dans cette phase, on aborde l'**approche communicationnelle** : quelles ont été les **intentions des auteurs** de la publicité ?
- Autrement dit, on tente de résumer la manière dont le publicitaire a « pensé » son travail. Quel(s) « argument(s) » a-t-il voulu mettre en avant pour convaincre le consommateur ? Quelle est la cible visée ? Quels procédés ont été mis en œuvre pour cela ?

APPLICATION

Doc. 3 Publicité Evian (2013-2014)

3 Doc. 1. Interprétez et présentez les arguments publicitaires d'Air France.

....

....

....

....

....

....

....

....

....

....

4 Doc. 2. Interprétez et présentez les arguments publicitaires de Transavia.

....

....

....

....

....

....

5 Doc. 3. Décrivez, interprétez et analysez la publicité pour Evian.

....

....

....

....

....

....

....

....

....

....

....

La consommation : un marqueur social ?

L'essentiel

1 Les choix de consommation sont socialement différenciés

- Si les **revenus** sont un **déterminant** important de notre **consommation**, celle-ci est aussi dépendante de multiples **facteurs sociaux** et **démographiques**.

- Ainsi, par exemple, les dépenses de consommation en téléphonie mobile sont liées à l'âge des consommateurs, et cet impact est encore plus fort lorsque l'on s'intéresse aux usages qui sont faits de ce produit.

- La **catégorie socioprofessionnelle (CSP)**, la **profession** exercée, le **niveau d'études**, le **sexe** ou encore le **lieu de résidence** ont également une influence sur les **choix de consommation**, comme l'attestent par exemple la fréquentation cinématographique ou la pratique sportive.

2 La consommation : entre distinction et imitation

- La consommation n'a pas uniquement pour but de **satisfaire nos besoins**, c'est également un **marqueur social**.

- En effet, la consommation est pour certains un outil de **distinction** : elle permet au consommateur de mettre en avant sa différence, lorsqu'il cherche à **se démarquer d'un autre groupe social**. Il s'agit d'un **effet de distinction**.

- La **consommation** peut ainsi être purement **ostentatoire** lorsqu'elle vise à montrer à autrui son **appartenance à un groupe social** particulier, ou à un groupe auquel on souhaiterait appartenir. C'est notamment le cas de la consommation des produits de luxe, qui génère un **effet de signe** indiquant aux autres sa **position sociale**, ou celle à laquelle on aspire à appartenir.

- La consommation peut aussi être à l'origine d'**effets d'imitation**, quand elle permet de souligner son appartenance à un groupe donné, selon une logique de **conformisme**.

3 L'influence de la mode et de la publicité sur les comportements de consommation

- La consommation est en partie dictée par la **mode**, c'est-à-dire par les codes esthétiques et comportementaux en vigueur dans une société à un moment donné. Ces effets de mode sont plus présents pour certaines catégories de la population, comme les jeunes, et touchent de nombreux domaines : l'habillement, la coiffure, ou encore l'ameublement.

- L'essor de la **publicité** et le poids des **marques** participent à l'influence de la mode sur nos comportements de consommation, et à son caractère éphémère.

Mots clés

Catégorie socioprofessionnelle (CSP) : regroupement d'individus ayant le même statut professionnel en tenant compte de plusieurs critères : métier proprement dit, activité économique, qualification, position hiérarchique et statut.

Consommation : utilisation de biens et services dans le but de satisfaire des besoins.

Consommation ostentatoire : consommation dont la motivation principale est d'émettre des signes, de faire apparaître le statut social d'un individu ou d'exprimer son appartenance à un groupe.

Effet de distinction : comportement d'un individu (ou groupe d'individus) qui vise à se démarquer d'un autre groupe social.

Effet d'imitation : comportement par lequel un individu (ou groupe d'individus) cherche à adopter les pratiques d'un groupe auquel il souhaite appartenir.

Effet de signe : les produits consommés sont porteurs de signes permettant à un individu de montrer à autrui son appartenance à un groupe spécifique ou d'afficher le statut social qu'il souhaite atteindre.

Publicité : ensemble des techniques employées par les entreprises afin de promouvoir leurs produits et d'inciter à l'achat.

Testez vous !

Exercices

Exercice 1 ... / 10 points

Les affirmations suivantes sont-elles vraies ou fausses ? *(1 point par bonne réponse)*

	Vrai	Faux
1 Suivre la mode relève de la distinction.	☐	☐
2 L'âge n'a que peu d'influence sur la consommation.	☐	☐
3 Le style « bling-bling » est une forme possible de la consommation ostentatoire.	☐	☐
4 T. Veblen a analysé la « consommation ostentatoire » à partir des comportements de la bourgeoisie.	☐	☐
5 La publicité ne cherche pas à influencer les choix des consommateurs.	☐	☐
6 La consommation est déterminée par les revenus, les facteurs sociaux et démographiques.	☐	☐
7 La société de consommation nous pousse à accumuler des biens matériels.	☐	☐
8 L'effet de signe permet à un individu d'afficher son statut social.	☐	☐
9 La consommation n'est pas un marqueur social.	☐	☐
10 La consommation varie en fonction du sexe.	☐	☐

Exercice 2 ... / 10 points

Vacances et catégories socioprofessionnelles

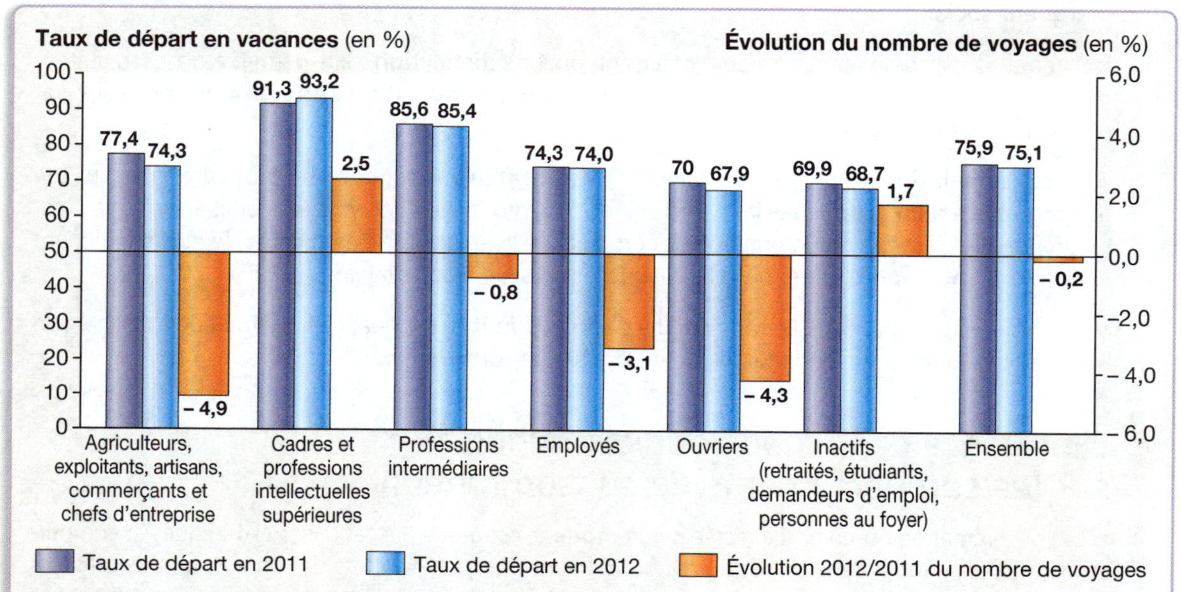

Source : DGCIS, « Le tourisme des Français en 2012 », juillet 2013.

1 Complétez le texte suivant à l'aide du graphique ci-dessus. *(0,5 point par bonne réponse)*

Ce graphique montre que les vacances sont dépendantes de la .... des consommateurs. En effet, en 2012, le taux de départs en voyage des Français pour motif personnel s'est établi à .... %, mais varie de .... % pour les .... à .... % pour les .... De même, sur la période 2011-2012, seuls les ménages dont le chef de famille est .... ou .... ont vu leur nombre de voyages progresser (respectivement de .... et de ....).

2 Rédigez une phrase donnant la signification concernant le groupe des ouvriers. *(5 points)*

....

....

....

....

....

La diversité des productions et des producteurs

Mots clés Administration • Association • Entreprise • Production • Production marchande / non marchande

A Quelles sont les richesses produites ?

Doc. 1 Qu'est-ce que la production ?

La production est l'acte de fabriquer des biens ou de mettre à disposition d'autrui des services qui satisfont des besoins individuels et collectifs. Les biens et services s'échangent sur un marché ou sont produits à partir de facteurs de production déclarés et rémunérés. La production marchande est vendue sur un marché à un prix qui couvre au moins les coûts de production et dans le but de réaliser un profit, alors que la production non marchande est fournie gratuitement ou à un prix nettement inférieur à son coût de production.

D'après le *Dictionnaire d'économie et de sciences sociales*, Nathan, 2014.

Point notion

Facteurs de production
Les facteurs de production correspondent aux ressources utilisées par une unité productive pour produire des biens et des services. Les deux principaux facteurs sont le travail et le capital.

Doc. 2 Des biens et des services divers

a

b

c

d

Questions

1 Doc. 1. **DÉFINIR.** Qu'est-ce que la production marchande ?

....

....

....

2 Doc. 1. **ILLUSTRER.** Parmi les activités suivantes, soulignez celles qui peuvent être considérées comme des activités de production marchande.

a. Un professeur de SES fait un cours sur les revenus au lycée.
b. Un professeur de SES explique les types de revenus à son fils.
c. Une femme de ménage fait le repassage chez M. Martin.
d. M. Martin repasse une chemise pour un rendez-vous.
e. Le boulanger fabrique une galette des rois.
f. Votre mère prépare un gâteau pour votre anniversaire.

3 Doc. 1 et 2. **ILLUSTRER.** Après avoir regardé les photos du document 2, complétez le tableau ci-dessous.

Description de la photo	Bien ou service ?	Production marchande ou non marchande ?
a.		
b.		
c.		
d.		

B Quelles sont les différentes organisations productives ?

Doc. 3 Qui produit ?

Air France-KLM est un des leaders mondiaux du transport aérien avec 77,4 millions de passagers et 25,6 milliards d'euros de chiffre d'affaires en 2012. Leurs principaux métiers sont le transport de passagers, le transport de fret et la maintenance aéronautique.

D'après www.airfrance.fr.

Depuis quarante ans, Médecins sans frontières (MSF) apporte une assistance médicale à des populations dont la vie ou la santé est menacée. La garantie de l'indépendance de l'association s'enracine dans son financement, assuré par la générosité de ses donateurs privés.

D'après www.msf.fr.

L'éducation est un service public national, dont l'organisation et le fonctionnement sont assurés par l'État. Il est compétent en ce qui concerne notamment la pédagogie, les programmes scolaires, les diplômes nationaux, la gestion des personnels enseignants.

D'après www.education.gouv.fr.

Doc. 4 La richesse créée par les organisations productives en 2012

Organisations productives	Milliards d'euros courants	Part en %	Exemples
Entreprises non financières	**1 018,3**	....	....
Entreprises financières	92,1	....	....
Administrations publiques	333,1	....	....
Ménages, y compris entreprises individuelles	345,5	....	....
Institutions sans but lucratif au service des ménages (ISBLM)	31,8	....	....
TOTAL	1 820,8	....	–

Source : D'après www.insee.fr, 2013.

Point notion

Institutions sans but lucratif au service des ménages
Elles regroupent l'ensemble des unités privées dotées de la personnalité juridique qui produisent des biens et services non marchands au profit des ménages. On y trouve les syndicats, les partis politiques, les associations sportives, culturelles, caritatives, etc.

Questions

4 Doc. 3. **ILLUSTRER.** À partir des informations fournies dans le document 3, remplissez le tableau suivant.

Nature de l'organisation productive	Activités	Type de production (biens ou services / marchande ou non)	Ressources principales

5 Doc. 4. **LIRE.** Rédigez une phrase présentant l'information apportée par la donnée en rouge.

....

....

6 Doc. 4. **CALCULER ET ILLUSTRER.** Remplissez les deux dernières colonnes du document 4.

Pour conclure

Reliez les propositions correspondantes.

- Production marchande
- Production non marchande

- Un paquet de bonbons
- Passer une radio à l'hôpital
- Un vaccin fait par un médecin de Médecins sans frontières
- Une manucure chez l'esthéticienne
- Un sac à dos

- Bien
- Service

La diversité des entreprises

Mots clés ▸ Entreprise • Entreprise publique • Secteur d'activité

A Diversité de statuts

Doc. 1 Quel statut choisir ?

Il existe de nombreuses **entreprises individuelles** dans lesquelles le patrimoine personnel de l'entrepreneur n'est pas distingué de celui de l'entreprise. Ainsi, l'entrepreneur peut perdre ses biens personnels si les affaires vont mal. Il n'y a pas de capital minimum requis.

Dans les autres formes juridiques d'entreprises, le patrimoine n'est pas confondu avec celui de ses propriétaires. Si l'entreprise fait faillite, les propriétaires perdent leur apport en capital, mais pas leur patrimoine personnel.

Un entrepreneur individuel peut, lui aussi, choisir de séparer patrimoines personnel et professionnel en créant une **entreprise unipersonnelle à responsabilité limitée (EURL)**, dont il est le seul associé. Là encore aucun capital minimum n'est requis.

S'il s'agit d une entreprise associant plusieurs apporteurs de capitaux, elle peut prendre le statut de **société à responsabilité limitée (SARL)**. Ces entreprises rassemblent entre 2 et 100 associés, et le capital minimal requis est de 1 euro. Les SARL ne sont pas obligées d'avoir un conseil d'administration et sont dirigées par un gérant désigné par les associés.

Une **société anonyme (SA)** comporte au moins sept associés ; le capital minimal est de 37 000 euros. Les actionnaires élisent un conseil d'administration. La direction effective de l'entreprise peut être assurée par le président de ce conseil d'administration, le président directeur général (PDG), ou être confiée par le conseil à un directeur général distinct du président. Les sociétés anonymes peuvent être cotées en Bourse.

Un statut d **auto-entrepreneur** a été créé le 1er janvier 2009 pour faciliter la création d'entreprise individuelle. Les modalités de création sont très simples et la responsabilité est limitée aux apports. Le chiffre d'affaires ne doit pas excéder 32 600 euros par an pour les entreprises de services et 81 500 euros pour la vente de marchandises.

D'après Guillaume Duval, « Dans le maquis des entreprises », *Alternatives économiques*, Hors série n° 79, décembre 2008.

Point notion

Action

Part du capital d'une société anonyme, détenue par les actionnaires. Elle donne droit à une rémunération, le dividende, dont le montant dépend du bénéfice de l'entreprise.

Doc. 2 Les entreprises publiques en France en 2011

Activités économiques	Nombre de sociétés	Effectifs salariés (en milliers)	Exemples d'entreprises
Agriculture	-	9,6	• Office national des forêts
Industrie	386	145,4	• EDF (Électricité de France) • CEA (Commissariat à l'énergie atomique)
Construction	35	1,9	• EDF
Tertiaire	1 070	627,7	• La Poste • SNCF • ADP (Aéroports de Paris) • Banque de France
TOTAL	**1 491**	**784,6**	–

Source : TEF, 2013.

Point notion

Entreprise publique

L'entreprise publique appartient majoritairement ou en totalité à l'État. Fin 2011, l'État contrôle en France 1 491 entreprises, en détenant plus de la moitié de leur capital.

Questions

1 Doc. 1. **EXPLIQUER.** Quel est l'avantage principal de l'EURL, de la SARL ou du statut d'auto-entrepreneur par rapport à l'entreprise individuelle ?

....

....

2 Doc. 1. **EXPLIQUER.** Quels sont les avantages de la SA par rapport à la SARL ?

....

....

3 Doc. 2. **LIRE.** Pour chaque donnée en rouge, rédigez une phrase présentant l'information apportée.

....

....

4 Doc. 2. **DÉCRIRE.** Dans quel type d'activité économique l'État est-il le plus présent ?

....

....

B Diversité de tailles et d'activités

Doc. 3 Les entreprises classées selon leur taille

Les quatre catégories d'entreprises, telles que définies en 2008, sont les suivantes : les **micro-entreprises** occupent moins de 10 personnes et ont un chiffre d'affaires annuel n'excédant pas 2 millions d'euros ; les petites et moyennes entreprises (**PME**) occupent moins de 250 personnes et ont un chiffre d'affaires annuel n'excédant pas 50 millions d'euros ; les entreprises de taille intermédiaire (**ETI**) n'appartiennent pas à la catégorie des PME, occupent moins de 5 000 personnes et ont un chiffre d'affaires annuel n'excédant pas 1 500 millions d'euros ; les **grandes entreprises** sont les entreprises non classées dans les catégories précédentes.

En 2009	Grande entreprise	ETI	PME (hors micro-entreprises)	Micro-entreprise	TOTAL
Nombre d'entreprises	217	4 576	131 253	2 555 003	**2 691 049**
Effectifs salariés	3 986 077	2 877 952	3 529 842	2 377 504	**12 771 375**

D'après *Insee Première*, n° 1399, mars 2012.

Doc. 4 Les entreprises par type d'activités en 2012

Activités	Nombre d'entreprises
Exploitations agricoles	483 812
Industries extractives et manufacturières	248 699
Construction	486 973
Commerce, transport, restauration	1 076 062
Information et communication	124 277
Activités financières, d'assurance, immobilières et diverses	906 654
Enseignement, santé	484 481
Autres services	276 552
TOTAL	**4 087 510**

Source : D'après l'Insee et Sirene, 2013.

Questions

5 Doc. 3. **EXPLIQUER.** Quels sont les deux critères utilisés dans la nomenclature pour classer les entreprises ?

....

....

6 Doc. 3. **LIRE.** Dans une phrase, présentez les informations apportées par les données en rouge.

....

....

Point notion

Secteurs d'activité

Les activités se regroupent en trois grands secteurs :

- **Secteur primaire** : agriculture, pêche et activités extractives.
- **Secteur secondaire** : industries de transformation, bâtiment et travaux publics.
- **Secteur tertiaire** : services au sens large (commerce, transports et communications, services marchands, etc.).

7 Doc. 4. **ILLUSTRER.** Que produisent les entreprises dans les domaines du commerce, de l'information, de la communication, de la finance, de l'assurance, de l'immobilier, de l'enseignement ou de la santé ?

....

8 Doc. 4. **CALCULER ET DÉDUIRE.** À partir du document 4, pour chaque type d'activités ci-dessous, complétez le nombre d'entreprises et la part en % du total. Que constatez-vous ?

	Nombre d'entreprises	Part en % du total
Activités agricoles		
Activités industrielles et construction		
Activités de services		

....

Pour conclure

Trouvez, pour chaque exemple d'entreprise ci-dessous, son statut, sa catégorie, son secteur d'activité.

a. Paul, informaticien, a créé son entreprise, il travaille seul et veut protéger son capital :

....

b. L'entreprise « L'enfant roi » fabrique des jouets et emploie 50 personnes, elle a été créée par cinq associés :

....

c. Pascale a acheté des terres pour produire du lin mais s'est assurée que sa maison ne serait pas saisie en cas de faillite :

....

d. La banque LCL : ....

La valeur ajoutée et sa répartition

Mots clés Consommations intermédiaires • PIB • Valeur ajoutée

A La mesure de la richesse

Doc. 1 Qu'est-ce que la valeur ajoutée ?

En créant ou en transformant la matière, l'artiste, comme l'ouvrier ou le PDG, n'a, consciemment ou inconsciemment, qu'un but : créer par son travail de la valeur. La « valeur ajoutée » (VA) est égale à la valeur de la production, diminuée des consommations intermédiaires.

Soit une fabrique de jouets en bois qui a acheté au cours de l'année des planches, de la peinture et des clous pour un montant total de 300 000 euros. En fin d'année, par l'effet du travail de ses collaborateurs, elle a produit des jouets pour un prix de vente global d'1 million d'euros. La richesse créée par cette entreprise est donc la valeur qu'elle a ajoutée en transformant la matière brute en jouets, soit les 700 000 euros correspondant au prix de vente de la production diminuée du coût des planches, peintures et clous. Ce supplément de valeur va, notamment, permettre à l'entreprise de rémunérer ses salariés, de payer son loyer, des frais divers, ces taxes, des impôts, d'entretenir et d'acheter de nouvelles machines et de rémunérer le capital investi (sous formes de dividendes qu'elle verse à ses actionnaires par exemple). Finalement, si elle est bien gérée, il lui reste un bénéfice.

D'après www.economie.gouv.fr, 2014.

Doc. 2 Les principaux bénéficiaires de la valeur ajoutée

Point notion

Consommations intermédiaires
Valeur de biens et services transformés ou détruits au cours du processus de production (matières premières, énergie, etc.).

Questions

1 Doc. 1. **LIRE.** Qu'est-ce que la valeur ajoutée ? Comment la calcule-t-on ?

....

....

....

2 Doc. 2. **DÉDUIRE.** Quels sont les trois principaux agents qui se répartissent la valeur ajoutée ?

....

3 Doc. 1. **CALCULER.** À partir des chiffres ci-dessous, calculez le chiffre d'affaires, les consommations intermédiaires, la valeur ajoutée, le bénéfice de l'entreprise « Baliréo » en 2012, qui fabrique des paréos.

- Paréos vendus = 500 000
- Prix de vente = 20 €
- Salaires et charges sociales = 500 000 €
- Énergie = 50 000 €
- Impôts = 100 000 €
- Tissu et teinture = 250 000 €

....

....

....

....

....

....

....

4 Doc. 2. **ILLUSTRER.** Remplissez le schéma avec les termes suivants : *salaires* • *impôts* • *bénéfices*

VALEUR AJOUTÉE

Salariés = ...	Entreprises = ...	État = ...

B Les enjeux du partage des richesses

Doc. 3 Un partage conflictuel

Dessin de Na !, mai 2009.

Doc. 4 De la valeur ajoutée au PIB

Le produit intérieur brut ou PIB correspond à la somme des valeurs ajoutées réalisées à l'intérieur d'un pays par l'ensemble des agents économiques (ménages, entreprises, administrations publiques).

Le PIB est constitué du produit intérieur marchand (biens et services échangés) et du produit intérieur brut non marchand (services fournis par les administrations publiques et privées à titre gratuit ou quasi gratuit).

La croissance du PIB est considérée comme l'indicateur par excellence de la performance et de la santé économique d'un pays.

A. Talon, © Nathan, 2014.

Point notion

PIB et PIB/habitant

Le PIB est un indicateur de la richesse créée sur un territoire pendant un an par l'ensemble des agents économiques. Le PIB est d'environ 2 000 milliards d'euros en 2012.

Le PIB par tête mesure la richesse produite par habitant. Il se calcule en divisant la somme des valeurs ajoutées par le nombre d'habitants.

Questions

5 Doc. 3. **DÉCRIRE ET EXPLIQUER.** En quoi le partage de la valeur ajoutée peut-il être conflictuel ?

....

....

....

....

....

6 Doc. 4. **DÉFINIR.** À quoi correspond le PIB et comment se calcule-t-il ?

....

....

....

....

7 Doc. 4. **EXPLIQUER.** Pourquoi la croissance du PIB est-elle un indicateur de la santé d'une économie ?

....

....

....

....

Pour conclure

Complétez le texte ci-dessous à l'aide des mots suivants :

salaire • valeur ajoutée • travail • bénéfices • dividendes • création • capitaux • impôts

La .... d'une entreprise est partagée entre tous ceux qui ont contribué, d'une manière ou d'une autre, à la .... de richesses. Les salariés ont apporté leur .... et reçoivent un ...., les actionnaires ont apporté des .... et reçoivent des ...., et l'État perçoit des .... L'entreprise conserve les .... mis en réserve et non distribués aux actionnaires, qui peuvent servir à financer le renouvellement du matériel.

Les SES autrement

Découvrir une association à travers ses activités

L'exemple des Restos du cœur

Mots clés Association • Services non marchands

A L'organisation d'une association

DÉMARCHE

1. Qu'est-ce qu'une association ?

• Une association est un **groupement de personnes volontaires** réunies autour d'un projet commun ou partageant des activités, mais **sans chercher à réaliser de bénéfices**. Elle peut avoir des buts divers : sportif, défense des intérêts des membres, humanitaire.

• Parmi les associations connues on trouve par exemple en France, la Société protectrice des animaux (SPA), la Croix-Rouge, Handicap International, Médecins sans frontières, etc.

• La **liberté d'association** date de la **loi** du **1er juillet 1901** sur le contrat d'association : c'est pour cela qu'on parle d'association « loi 1901 ». Pour créer une association il suffit qu'au moins deux personnes se réunissent et choisissent son **objet**. Ils en rédigent les **statuts** qui précisent l'objet, les organes dirigeants, la personne habilitée à représenter l'association, et indiquent le siège social et son adresse.

• De nombreuses associations possèdent un **site internet** qui permet de s'informer sur leurs activités, leur histoire, la nature de leurs ressources et l'utilisation de celles-ci, leurs comptes annuels, etc.

2. Analyser les ressources d'une association

Les associations bénéficient de différents types de ressources.

• Elles reçoivent des **ressources en nature**.

• Les **ressources financières** sont constituées des **cotisations des membres**. Les **pouvoirs publics**, notamment les communes, **subventionnent** les associations.

• Les associations reçoivent également des **dons**. Seules les associations ayant reçu la reconnaissance d'utilité publique peuvent recevoir des dons et des **legs**.

APPLICATION

Doc. 1 Le site des Restos du cœur

Doc. 2 L'origine des ressources des Restos du cœur

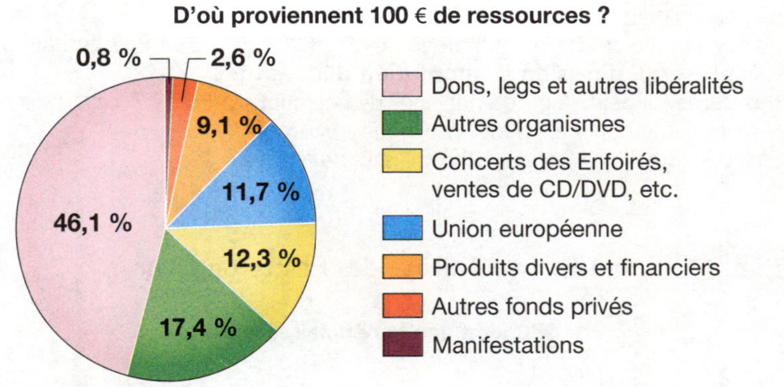

Source : www.restosducoeur.org, 2014.

1 À partir du site des Restos du cœur, remplissez la fiche suivante. Vous pouvez vous aider du « rapport annuel 2013 – partie 1 » à télécharger en allant dans la rubrique « Communiqués et publications ».

• Date de création et type d'association : ....

....

• Nom de l'association : ....

• Objet de l'association : ....

....

• Lieu d'activités : ....

• Nombre d'antennes : ....

B Le rôle d'une association

DÉMARCHE

3. Comment participer à une association ?

• Il est possible de participer **à une association** sans être membre : en effectuant des **dons** ou en **s'impliquant** ponctuellement dans certaines **actions** de l'association.

• On peut être **adhérent**, en payant régulièrement une **cotisation**. On peut s'engager de manière plus large : distribution de denrées pour des associations à but humanitaire, organisation de réunions pour les associations incitant aux débats, mise en place d'expositions pour les associations visant à la diffusion de la culture, etc.

• Enfin, on peut participer aux **organes dirigeants** de l'association. Il existe à la tête d'une association un **bureau**, dont les membres sont nommés par le conseil d'administration, lui-même élu par les adhérents. Le président dirige l'association, le secrétaire en organise le travail, enfin le trésorier a en charge les finances de l'association.

4. Les fonctions des associations

• L'association peut jouer un rôle à destination de ses membres essentiellement ou de l'ensemble de la société. On peut distinguer quatre grandes fonctions remplies par les associations :

– **Partage d'un loisir entre membres :** associations sportives, associations de joueurs d'échecs, etc.

– **Défense des intérêts des membres :** association de locataires, de parents d'élèves, de personnes souffrant d'une maladie spécifique, etc. Ces associations peuvent constituer des groupes de pression.

– **Rôle caritatif, humanitaire :** associations venant en aide aux autres, que ce soit à l'échelle d'un quartier (cours de rattrapage scolaire), d'une ville (distribution de nourriture comme « Les Restos du cœur »), de l'ensemble du pays ou même de pays étrangers (associations d'aide au développement, aide médicale).

– **Expression, diffusion et promotion d'idées ou d'œuvres** : il peut s'agir de principes démocratiques (Amnesty international), d'idées politiques (partis politiques), de créations artistiques (théâtre, salle de concert).

APPLICATION

2 Complétez les chiffres clés suivants à l'aide des informations que vous trouverez sur le site des Restos du cœur.

- Nombre de bénévoles : ....
- Nombre de donateurs : ....
- Montant des dons et legs : ....
- Nombre de personnes accueillies : ....
- Nombre de repas distribués : ....
- Nombre de restos « bébés du cœur » : ....
- Nombre de personnes hébergées : ....
- Ateliers de soutien scolaire et de français : ....
- Nombre de logements gérés : ....
- Nombre de personnes en contrats aidés : ....
- Micro-crédits accordés : ....
- Première année du concert des Enfoirés : ....
- % de ressources consacrées à la distribution alimentaire : ....

3 Trouvez des exemples d'association pour chacune des fonctions évoquées dans la démarche ci-contre :

- Partage d'un loisir : ....
....
- Défense des intérêts des membres : ....
....
- Rôle caritatif ou humanitaire : ....
....
- Expression, promotion d'idées ou d'œuvres : ....
....

Doc. 3 Qui sont les bénéficiaires des Restos du cœur ?

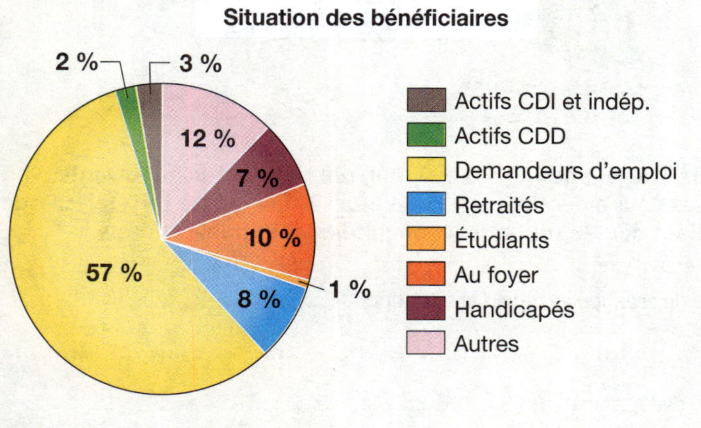

Source : www.restosducoeur.org, 2014.

4 À l'aide du « rapport annuel 2013 – partie 1 » que vous avez téléchargé, recueillez les informations concernant la situation face au logement des bénéficiaires des Restos du cœur.

....
....
....
....
....
....
....
....
....

5 Doc. 3. Quelles données vous paraissent les plus surprenantes dans le graphique ?

....
....

Qui produit des richesses ?

L'essentiel

1 La diversité des productions et des producteurs

- La **production** correspond à la fabrication de **biens** et **services** destinés à satisfaire les **besoins individuels et collectifs**. Les biens et services marchands sont destinés à être vendus sur un marché alors que les services non marchands sont fournis à titre gratuit ou quasi gratuit.
- La production s'effectue au sein d'unités de production. Il en existe trois grands types : les **entreprises** ayant un type de **production marchande**, les **administrations publiques** et les **associations** ayant pour vocation un type de **production non marchande**.

2 La diversité des entreprises

- Les entreprises se distinguent par leur **statut juridique**, les principaux statuts étant l'entreprise individuelle (**EI**), l'entreprise unipersonnelle à responsabilité limitée (**EURL**), la société à responsabilité limitée (**SARL**) et la société anonyme (**SA**). Seul le statut d'**entreprise individuelle** ne sépare pas le patrimoine personnel du patrimoine professionnel, ce qui peut s'avérer dangereux en cas de faillite.
- Les **entreprises publiques** sont **contrôlées par l'État, les entreprises privées** appartiennent à des **propriétaires privés**.
- Les entreprises se distinguent par leur **taille** ; la nomenclature de 2008 est fondée sur deux critères : le **nombre de salariés** et le **montant du chiffre d'affaires**. On distingue quatre catégories : les microentreprises, les PME, les EI et les grandes entreprises. Les entreprises se classent en fonction de leur activité principale dans les secteurs primaire, secondaire ou tertiaire.

3 La valeur ajoutée et sa répartition

- La **valeur ajoutée** permet de mesurer **la richesse** créée par l'activité productive. Elle se calcule en déduisant de la valeur de la production le montant des consommations intermédiaires, c'est-à-dire la valeur de tous les biens et services détruits ou transformés au cours du processus de production.
- La valeur ajoutée est **répartie** entre les différents **agents économiques** ayant contribué à sa création : les salariés, qui ont fourni leur travail, l'entreprise et les apporteurs de capitaux, qui ont fourni le capital. Le partage de la valeur ajoutée entre les agents économiques peut être conflictuel.
- La somme des valeurs ajoutées créées par les agents économiques correspond au **produit intérieur brut** d'un pays. Son augmentation annuelle indique la valeur de la **croissance économique**.

Mots clés

Administration publique : unité de production dont le rôle est de mettre à la disposition des individus des services non marchands et d'effectuer des opérations de redistribution.

Bien : objet matériel, résultant de la transformation de matières premières.

Chiffre d'affaires : valeur des biens et/ou des services vendus par une entreprise.

Entreprise : unité de production dont le rôle est de produire des biens et des services destinés à être vendus, son objectif principal est le profit.

Production : création de biens et de services destinés à satisfaire des besoins individuels ou collectifs.

Production marchande : production destinée à être vendue sur un marché afin de réaliser un profit.

Production non marchande : production fournie à titre gratuit ou quasi gratuit.

Produit intérieur brut : quantité de richesses créées au cours d'une année dans un pays, il est égal à la somme des valeurs ajoutées.

Service : non « visible » et non stockable, il correspond à la mise à disposition d'une capacité intellectuelle ou technique.

Valeur ajoutée : richesse créée par une organisation productive. Elle est mesurée par la différence entre la valeur de la production et celle des consommations intermédiaires.

Testez vous !

Exercices

Exercice 1 (... / 10 points)

Les affirmations suivantes sont-elles vraies ou fausses ? *(1 point par bonne réponse)*

	Vrai	Faux
1 Les biens et les services sont toujours marchands.	☐	☐
2 La production non marchande est forcément gratuite.	☐	☐
3 Les associations ne sont pas des unités de production.	☐	☐
4 Les administrations publiques ne créent pas de richesse.	☐	☐
5 Avec une EURL, les biens personnels ne seront pas saisis en cas de faillite.	☐	☐
6 Les SA et les SARL peuvent être introduites en Bourse.	☐	☐
7 Une entreprise publique peut vendre des biens, des services et faire des bénéfices.	☐	☐
8 La plus grande part de la valeur ajoutée se répartit entre les entreprises et l'État.	☐	☐
9 Les entreprises françaises sont majoritairement des grandes entreprises.	☐	☐
10 Le PIB et son évolution sont des indicateurs de la santé économique d'un pays.	☐	☐

Exercice 2 (... / 5 points)

1 **Donnez la formule de la valeur ajoutée et du PIB.** *(2 points)*

....

....

....

....

2 **Sur le dessin ci-contre, retrouvez qui sont les trois personnages recevant une part de la valeur ajoutée.** *(3 points)*

1 •   • Représentant de l'entreprise
2 •   • Représentant des actionnaires
3 •   • Représentant des salariés

Exercice 3 (... / 5 points)

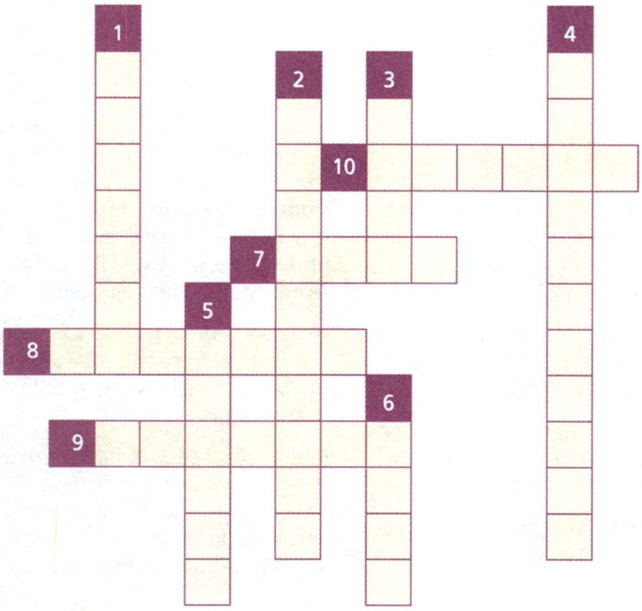

Complétez les mots croisés à l'aide des définitions suivantes.
(0,5 point par bonne réponse)

1. Adjectif qualifiant la valeur créée par les organisations productives.
2. Elle correspond à la création des biens et des services.
3. Il est matériel, stockable.
4. Elles sont publiques ou privées.
5. Nom précédant l'adjectif défini en 1.
6. Il collecte les impôts.
7. Ils financent en grande partie l'activité des associations.
8. Il est non marchand quand produit par les administrations.
9. Il rémunère le travail.
10. Ils sont collectés par l'institution définie en 6.

Comment produire des richesses ?

Mots clés Combinaison productive • Coûts fixes et coûts variables • Facteurs de production

A Produire des richesses

Doc. 1 Un boulanger au travail

Point notion

Les facteurs de production

Il existe deux grands types de facteurs de production : le **facteur travail** et le **facteur capital**.

Le **facteur capital** comprend le **capital fixe** qui regroupe les biens de production durables utilisés pendant plus d'un an, et le **capital circulant** (ou consommations intermédiaires) qui regroupe les biens entièrement transformés ou détruits lors du processus de production.

Doc. 2 Les 10 plus grandes entreprises du monde (2013)

Nom	Pays d'origine	Capitalisation boursière (en milliards de $)	Chiffre d'affaires (en milliards de $)	Bénéfices (en milliards de $)	Nombre de salariés (en milliers)
Apple	États-Unis	559	108	26	63
Exxon Mobil	États-Unis	409	434	41	82
Petro China	Chine	279	318	21	553
Micro-soft	États-Unis	270	70	23	90
IBM	États-Unis	242	106	16	433
Bank of China	Chine	233	102	33	403
Royal Dutch Shell	Grande-Bretagne / Pays-Bas	222	443	30	90
China Mobile	Chine	221	82	20	175
General Electric	États-Unis	212	142	14	301
Chevron	États-Unis	211	236	27	61

Source : *Financial Times*, 2013.

Questions

1 Doc. 1. **DÉDUIRE.** En cochant la case qui convient pour chaque facteur de production, déterminez quel est le facteur dominant dans la production de la boulangerie.

Facteurs de production	Facteur travail	Capital fixe	Capital circulant
La farine	☐	☐	☐
Le four à pain	☐	☐	☐
L'apprenti boulanger	☐	☐	☐
L'électricité	☐	☐	☐
La caisse enregistreuse	☐	☐	☐
La vendeuse	☐	☐	☐
La machine à pétrir la pâte	☐	☐	☐

2 Doc. 2. **ILLUSTRER ET DÉDUIRE. a.** Quelles entreprises génèrent un bénéfice important avec une forte quantité de facteur travail ? Citez deux exemples.
b. Quel est le facteur de production dominant dans la création de richesse d'Apple ou d'Exxon Mobil ?

....

....

....

....

3 Doc. 2. **ANALYSER.** Quelle est la différence entre le chiffre d'affaires et le bénéfice ? En comparant le chiffre d'affaires et le bénéfice de General Electric, peut-on dire que son bénéfice est élevé ou faible ?

....

....

....

B Comment produire efficacement ?

Doc. 3 Un métro automatique sans conducteur, à Paris

Point notion

Facteurs complémentaires et substituables

Les facteurs travail et capital sont **complémentaires** quand on ne peut changer un facteur d'un type par un autre sans réduire le volume de production. Ils sont **substituables** dans le cas contraire.

Doc. 4 Coût fixe et coût variable

Un jeune artisan boulanger vend des baguettes au prix de 1 € l'unité. Pour calculer le coût total de production, il doit distinguer le coût fixe (location du local, assurance, etc.), qui est indépendant de la quantité produite, et le coût variable (matières premières, impôts sur la production, etc.) qui dépend du volume produit. Cet artisan a calculé que le coût variable est de 0,5 € par baguette et que le coût fixe mensuel est de 3 000 €.

O. Leblanc, © Nathan, 2014.

Doc. 5 Quelle combinaison productive ?

→ L'enseigne « Pain doré » fabrique du pain de façon industrielle. Une de ses usines fabrique 10 000 baguettes par jour grâce à l'utilisation d'une machine révolutionnaire. Son manager a testé quatre combinaisons productives pour atteindre ce niveau de production.

	Nombre de machines	Nombre de travailleurs
Combinaison 1	2	10
Combinaison 2	2	8
Combinaison 3	3	6
Combinaison 4	5	6

Questions

4 Doc. 3. **ANALYSER.** Quel est l'intérêt, pour une société de transport, d'utiliser des métros automatiques ? Peut-on dire, dans ce cas, que les facteurs sont substituables ou complémentaires ?

....

....

....

5 Doc. 4. **CALCULER.** Le jeune boulanger vend 8 000 baguettes par mois. Calculez son chiffre d'affaires et son coût de production total. Quelle est la quantité minimale qu'il doit vendre pour réaliser un profit ?

....

....

6 Doc. 5. **ANALYSER ET CALCULER. a.** Quel que soit le prix de chaque facteur, pourquoi les combinaisons 1 et 4 peuvent être repoussées par le manager ?
b. Sachant que le coût journalier d'un travailleur est de 200 € et que celui d'une machine est de 50 €, calculez le coût des combinaisons 2 et 3. Quelle est la combinaison optimale ?

....

....

....

....

Pour conclure

Complétez le texte ci-dessous à l'aide des mots suivants :

consommations intermédiaires • substituables • facteurs de production • capital fixe • facteur travail • combinaison productive

Pour produire des biens et services, l'entreprise a besoin de combiner des ...., regroupés en deux groupes : le .... et le facteur capital. Ce dernier comprend le .... qui regroupe les moyens de productions durables et le capital circulant comprenant les biens et services intégralement transformés ou détruits lors du processus de production, appelé aussi .... Si le facteur travail peut être remplacé par du facteur capital sans diminuer la production, on dit que ces facteurs sont .... La meilleure .... est celle qui permet, à production équivalente, de minimiser la quantité et le coût des facteurs utilisés.

Comment améliorer la productivité ?

Mots clés Productivité horaire • Productivité par tête • Progrès technique

A Qu'est-ce que la productivité ?

Doc. 1 Les différents types de productivité

La productivité est le rapport entre une production et les facteurs qui ont permis de la réaliser. Il y a trois grandes mesures de la productivité : la productivité du travail, du capital ou de l'ensemble des facteurs utilisés.

La **productivité du travail** distingue généralement la productivité par tête qui est le rapport entre la production et l'effectif salarie, et la productivité horaire qui est le rapport entre la production et le nombre d'heures total de travail. La **productivité du capital**, le rapport entre la production et le capital utilisé, augmente par l'utilisation de machines ou d'idées de plus en plus performantes.

La troisième notion est celle de **productivité de l'ensemble des facteurs de production** [...]. Elle est calculée en rapportant la production au volume de travail et de capital utilisé. C'est la meilleure mesure de l'efficacité globale d'un processus productif. Productivité et progrès technique sont liés. Le progrès technique, en permettant une organisation du travail plus performante (par exemple, au début du XXe siècle, la mise en place de chaînes de production), accroît la productivité.

D'après Arnaud Parienty, « Quelles sont les clefs de la productivité économique ? », *Alternatives économiques*, 2006.

Doc. 2 Publicité de Microsoft adressée aux PME

Questions

1 Doc. 1. **LIRE.** Quelles sont les mesures possibles de la productivité ?

....

....

2 Doc. 1. **ILLUSTRER.** Mise à part la chaîne de production, trouvez deux autres exemples de progrès technique améliorant la productivité.

....

....

3 Doc. 1. **ARGUMENTER.** Si on veut comparer la productivité du travail dans deux pays qui ont un temps légal du travail très différent, vaut-il mieux utiliser la productivité horaire ou la productivité par tête ?

....

....

....

4 Doc. 2. **DÉCRIRE.** Quelle est la promesse avancée par Microsoft dans cette publicité ?

....

....

....

5 Doc. 2. **ANALYSER.** Comment l'acquisition de logiciels peut-elle améliorer la productivité du travail au sein d'une PME ?

....

....

....

B L'évolution et les effets de la productivité

Doc. 3 La productivité par tête

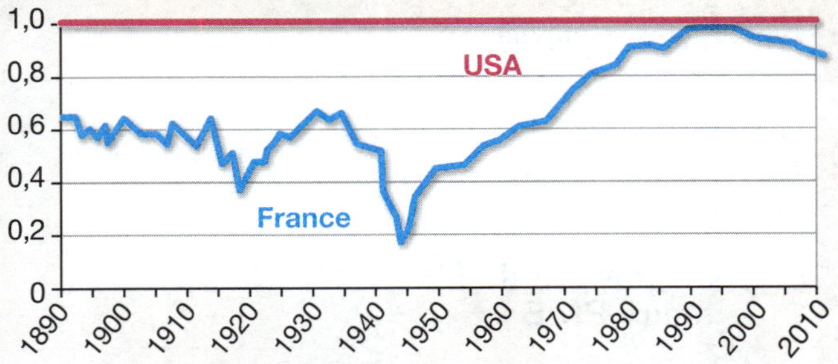

Source : Insee, 14e colloque de l'Association de comptabilité nationale, 2012.

Doc. 4 Les effets de la productivité sur l'emploi

Un effet positif des gains de productivité est l'augmentation du pouvoir d'achat, résultant de la diminution des prix ou de la hausse des rémunérations : une heure de travail nous permet de produire davantage. Mais les gains de productivité sont également utilisés pour réduire la durée du travail, ce qui veut dire que nous ne sommes pas seulement plus riches que nos ancêtres, mais nous travaillons moins. En France, la durée du travail a été divisée par deux environ depuis la fin du XIXe siècle.

Mais les gains de productivité détruisent des emplois lorsque la hausse de la production de l'entreprise ne suffit pas à compenser leurs effets. Au niveau de l'ensemble de l'économie, ces destructions sont compensées par des créations, car la hausse du pouvoir d'achat permet la hausse des dépenses, de la production et de l'emploi. Néanmoins, les emplois nouveaux ne sont pas forcément de même qualification ou situés dans la même région que les emplois anciens.

D'après Arnaud Parienty, « Où en est le progrès technique ? », *Alternatives économiques*, avril 2013.

Questions

6 Doc. 3. **EXPLIQUER.** Peut-on dire que la productivité par tête des États-Unis est restée constante et égale à 1 pendant plus d'un siècle ? ➔ **Fiche méthode D**

....

....

....

7 Doc. 3. **ANALYSER.** Comment a évolué l'écart de productivité par tête entre la France et les États-Unis depuis plus d'un siècle ?

....

....

....

8 Doc. 4. **EXPLIQUER.** Quelles sont les conséquences de la hausse des gains de productivité ?

....

....

....

9 Doc. 4. **ANALYSER.** Quels sont les effets probables du progrès technique sur les emplois qualifiés ? Sur les emplois non qualifiés ?

....

....

....

Pour conclure

Un directeur général d'une grande entreprise automobile souhaite comparer la productivité de deux chaînes de montage produisant le même véhicule : l'une située en France qui produit 1 000 véhicules par jour en mobilisant 50 ouvriers, et l'autre située en Roumanie produisant 800 véhicules par jour avec 80 ouvriers.

1. Calculez et comparez la productivité par tête des deux chaînes de montage.

....

2. Sachant que l'ouvrier français travaille en moyenne 8 heures par jour et que cette moyenne est de 10 heures en Roumanie, calculez et comparez la productivité horaire.

....

3. Sachant que le coût du travail horaire (salaire, cotisations salariales et patronales) est deux fois plus faible en Roumanie qu'en France, quelle est la chaîne de production la plus rentable ?

....

....

Travailler avec des images

Les **SES** *autrement*

Progrès technique et production

Mots clés Productivité • Progrès technique • Secteurs d'activité

A Progrès technique et organisation du travail

DÉMARCHE

1. Qu'est-ce qu'une image ?

• Notre quotidien nous inonde d'images mais les occasions de les analyser sont rares. Une image est une **représentation d'un objet ou d'une idée sur un support visuel** pouvant prendre diverses formes comme un **tableau**, une **gravure**, une **photographie**, une **publicité**, une **radiographie**, etc.

• Pour analyser correctement un ensemble d'images, vous devez :
– décrire séparément chaque image en précisant sa **nature**, sa **source** et son **objet** ;
– trouver les **éléments communs** qui unissent certaines images ;
– détecter les **points qui les opposent** ;
– analyser le lien entre les notions du cours et cet ensemble d'images.

2. Les trois secteurs d'activité

• Pour analyser correctement les images ci-contre, il faut connaître la notion de secteur d'activité.

• Le **secteur primaire** regroupe l'ensemble des activités dont la finalité consiste en une **exploitation des ressources naturelles** (agriculture, pêche, etc.).

• Le **secteur secondaire** regroupe l'ensemble des activités consistant en une **transformation** plus ou moins élaborée des **matières premières** (industrie, construction, etc.).

• Le **secteur tertiaire** regroupe les activités de **services** (commerce, banque, assurance, etc.).

APPLICATION

Doc. 1 Le progrès technique dans les trois secteurs d'activité

a

b

c

d

e

f

1 Retrouvez la légende correspondant à chaque image ci-dessus.

Légende	Numéro de l'image
Une chaîne de montage automobile.	
La Fenaison, Julien Dupré, 1888.	
Publicité pour une banque 100 % en ligne.	
Moissonneuse-batteuse dans un champ en France.	
Le Marteau-pilon. Forges et aciéries de Saint-Chamond. Sortie d'une pièce de marine, J.-F. Layraud, 1889.	
Le Banquier et sa femme, Marinus van Reymerswale, XVIe siècle.	

2 Complétez le tableau ci-dessous : pour chaque image, indiquez son secteur d'activité et sa productivité.

	Secteur primaire	Secteur secondaire	Secteur tertiaire
Faible productivité			
Forte productivité			

3 Quelle est la nature de chaque image ?

....

....

....

B Les effets du progrès technique sur l'emploi

DÉMARCHE

3. Analyser une image et le contexte historique

• Pour analyser une image, il faut souvent connaître le **contexte historique** dont elle est le produit.

• L'analyse de la gravure ci-contre (doc. 2a) requiert de connaître le mouvement du **luddisme** : entre 1811 et 1812 en Angleterre, berceau de la Révolution industrielle, des centaines de machines textiles ont été détruites par des ouvriers en colère qui pensaient que les machines à tisser étaient responsables de la disparition de leurs emplois.

4. Analyser un tableau

• L'analyse d'un tableau peut se décliner en quatre étapes :
– rechercher, si c'est possible, des informations sur l'**auteur** et le **contexte historique** de la composition ;
– décrire les **éléments** et les **symboles** de l'image ;
– préciser le **sujet** ou le **thème** abordé ;
– analyser la possible **opinion** défendue par l'auteur dans son œuvre.

5. Analyser un dessin de presse

• L'analyse d'un dessin de presse est aussi un exercice rigoureux. Il faut d'abord :
– décrire objectivement les **éléments qui composent le dessin** ;
– comprendre l'**élément comique** de la situation ;
– réfléchir au **message** que l'auteur a voulu faire passer.

Doc. 3 L'homme ou la machine ?

Dessin de Plantu, 1982.

APPLICATION

Doc. 2 Deux visions différentes de la machine et du progrès technique

a Gravure anonyme, 1812.

b Fernand Léger, *Élément mécanique*, 1924.

4 Doc. 2. Que représentent les personnages de la gravure anonyme ? Quelle attitude ont-ils vis-à-vis de la machine ?

....

....

....

....

....

5 Doc. 2. Ce tableau de F. Léger permet-il de comprendre cette citation du peintre : « La belle machine, c'est le plus beau sujet moderne » ?

....

....

....

....

....

6 Doc. 2. D'après vous, ces deux images défendent-elles le même point de vue sur le progrès technique ?

....

....

....

....

....

7 Doc. 3. Décrivez le dessin de presse de Plantu et expliquez le message qu'il veut faire passer.

....

....

....

....

....

Comment produire et combien produire ?

L'essentiel

1 Les facteurs de production et les combinaisons productives

- Pour produire, une entreprise a besoin de **facteurs de production**, regroupés en deux grands groupes : le **facteur travail** et le **facteur capital**. Ce dernier comprend le **capital fixe**, c'est-à-dire les moyens de production utilisés à long terme, et le **capital circulant**, qui sont les **consommations intermédiaires** entièrement transformées ou détruites lors du processus de production.

- Le **chiffre d'affaires** correspond à la **recette** d'une entreprise réalisée grâce à l'ensemble de ses ventes. Le **bénéfice** permet de mesurer ce qu'il reste quand on soustrait du chiffre d'affaires l'ensemble des dépenses (consommations intermédiaires, salaires, impôts, etc.). Pour produire le plus efficacement possible, l'entreprise doit trouver la meilleure **combinaison productive** qui permet de minimiser le **coût de production** en utilisant la **substituabilité des facteurs capital et travail**. On distingue le **coût fixe** qui est indépendant de la quantité produite et le **coût variable** qui croît quand la production augmente.

2 La productivité et ses effets sur la création de richesses

- La **productivité** mesure l'**efficacité des facteurs de production** en divisant la valeur de la production par la valeur des facteurs nécessaires pour la réaliser. La productivité la plus utilisée en économie est la **productivité du travail**. On distingue généralement la **productivité par tête** qui est le rapport entre la quantité produite et le nombre de salariés nécessaire à cette production, et la **productivité horaire** qui donne une indication de la production par heure et par salarié.

- La productivité est le moteur du processus de **création de richesses**. À long terme, les gains de productivité ont permis à la fois d'accroître la richesse créée par habitant (le **PIB par habitant**) mais aussi de produire plus en moins de temps et avec moins de main-d'œuvre.

3 Les effets du progrès technique sur l'emploi

- Le **progrès technique** fait référence à l'ensemble des **innovations** qui entraînent une transformation ou un bouleversement des moyens et des **méthodes de production**. Le progrès technique modifie l'**organisation du travail** dans tous les **secteurs d'activité** : le secteur primaire qui regroupe l'agriculture et l'exploitation des ressources naturelles, le secteur secondaire pour l'industrie, et le secteur tertiaire pour les activités de service.

- À court terme, le progrès technique et la mécanisation peuvent entraîner une **destruction des emplois les moins qualifiés** et plus facilement substituables par des machines. Pour autant, à long terme, le progrès technique permet aussi de **créer des emplois qualifiés** pour développer et/ou entretenir ces nouvelles innovations.

Mots clés

Bénéfice : excédent des recettes sur le total des coûts de production.

Combinaison productive : quantité de facteurs travail et capital utilisée pour produire.

Coût de production : ensemble des dépenses inhérentes à la production et/ou à la commercialisation d'un bien ou d'un service. Le coût de production comprend le **coût fixe** qui est indépendant de la quantité produite, et le **coût variable** qui croît avec le volume de la production.

Facteurs de production : ensemble des ressources utilisées dans le processus de production. Ces facteurs sont regroupés en deux groupes : le **facteur travail** (les hommes) et le **facteur capital**.
Si l'un des facteurs peut être remplacé par l'autre pour produire la même quantité de biens ou de services, ils sont considérés comme **substituables**. Dans le cas contraire, on dira qu'ils sont **complémentaires**.

Productivité : mesure de l'efficacité des facteurs de production, obtenue en divisant la production par la somme des facteurs nécessaires pour la réaliser. On distingue la **productivité du travail**, la **productivité du capital** et la **productivité globale**.

Progrès technique : ensemble des innovations qui entraînent une transformation ou un bouleversement des moyens et méthodes de production.

Testez vous !

Exercices

Exercice 1

(... / 7 points)

Les affirmations suivantes sont-elles vraies ou fausses ? *(1 point par bonne réponse)*

	Vrai	Faux
1 Les machines sont classées dans le capital circulant.	☐	☐
2 Les facteurs travail et capital sont toujours substituables.	☐	☐
3 La productivité par tête et la productivité horaire sont différentes.	☐	☐
4 Le progrès technique a tendance à détruire les emplois peu qualifiés.	☐	☐
5 Le secteur tertiaire contient les entreprises du bâtiment.	☐	☐
6 La valeur ajoutée est équivalente au chiffre d'affaires.	☐	☐
7 Deux entreprises qui ont le même niveau de production ont nécessairement la même productivité.	☐	☐

Exercice 2

(... / 9 points)

Boycottons les caisses automatiques !

Les caisses automatiques pullulent dans nos supermarchés. Cette automatisation effrénée induit une diminution du personnel nécessaire. Le calcul est simple : plus de caisses = moins d'emplois. Et oui, dans le monde merveilleux de l'automatisation à outrance, un seul employé est nécessaire pour surveiller quatre machines. Ni vu, ni connu, les effectifs devraient donc diminuer de manière drastique dans les prochaines années…

D'après Isabelle Saporta, *Marianne*, mars 2009.

1 Expliquez le titre de cet article. *(3 points)*

....

....

....

....

....

2 Dans ce cas de figure, les facteurs de production sont-ils substituables ou complémentaires ? *(3 points)*

....

....

3 À votre avis, quels sont les emplois qui vont être détruits et créés par cette innovation ? *(3 points)*

....

....

Exercice 3

(... / 4 points)

Complétez le schéma ci-dessous avec les mots suivants : *(1 point par bonne réponse)*

Solde globalement positif sur l'emploi • *Substitution capital/travail* • *Baisse des prix et hausse du pouvoir d'achat* • *Destruction d'emplois industriels peu qualifiés*

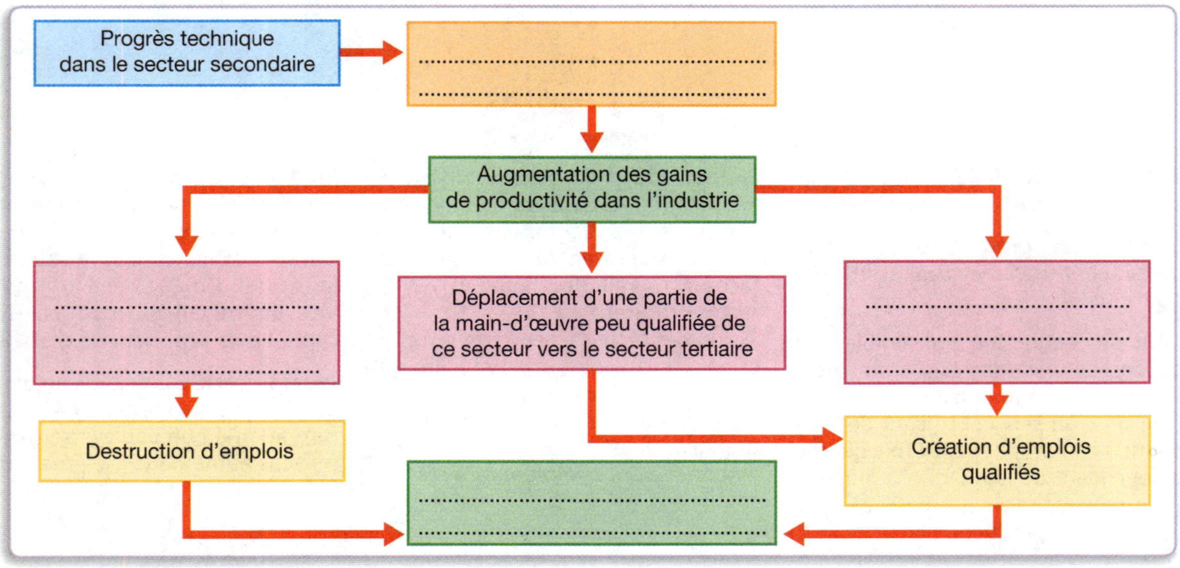

FICHE D'ACTIVITÉS 13

La formation du prix des œufs sur un marché

Mots clés Demande • Marché • Offre • Prix

A D'une augmentation du prix de l'œuf…

Doc. 1 Pourquoi le prix des œufs augmente-t-il ?

Le prix moyen des œufs achetés n'aura finalement augmenté que de 5,1 % en 2012. Cette hausse ne reflète pas du tout les variations du cours de l'œuf […]. La commercialisation des œufs dans la grande distribution passe par un prix fixé à l'avance.

Heureusement, car le prix des œufs sur le marché a connu deux années extrêmement volatiles. Alors que la barquette de 100 œufs s'achetait 0,40 euro en 2010, elle est passée à 4,5 euros en 2011. Pis ! En 2012, les prix ont flambé jusqu'à 9 euros les 100 œufs avant de retomber à 1,26 euro à la fin de l'année. Plusieurs raisons à cette volatilité. La hausse du prix des aliments pour les poules qui représente 60 % du prix d'un œuf à sa sortie d'élevage. Il faut dire que le cours du blé a augmenté de 42 % en un an. Mais la filière avicole a surtout connu, notamment au début de l'année 2012, une nouvelle réglementation européenne sur l'élevage de poules qui oblige à l'agrandissement des cages pour les poules élevées en batterie. Les éleveurs ont dû investir massivement pour se mettre aux normes ; ces coûts ont été répercutés sur les prix.

D'après Nabil Bourassi, www.latribune.fr, 17 janvier 2013.

Doc. 2 L'évolution du nombre de poules pondeuses

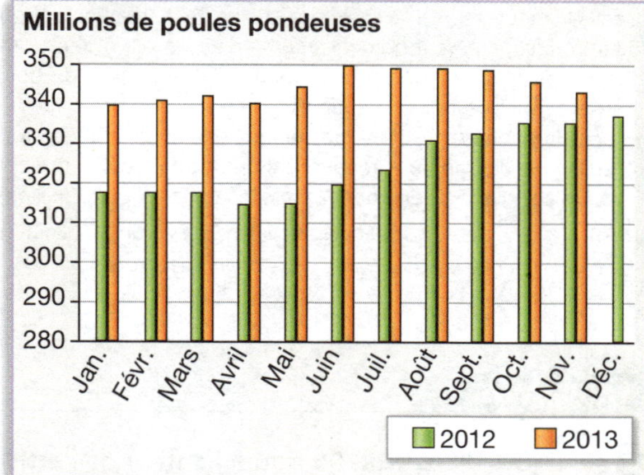

Source : MEG, 2013.

Questions

1 Doc. 1. **LIRE.** Qui exprime une offre d'œufs sur ce marché ?

……………………………………………………………………………………

2 Doc. 1. **DÉCRIRE.** Quels agents économiques expriment une demande d'œufs ?

……………………………………………………………………………………

……………………………………………………………………………………

……………………………………………………………………………………

3 Doc. 1 et 2. **ANALYSER.** Pourquoi l'offre d'œufs diminue-t-elle en 2012 ?

……………………………………………………………………………………

……………………………………………………………………………………

……………………………………………………………………………………

4 Doc. 1. **ANALYSER.** Pourquoi le prix des œufs a-t-il augmenté en 2012 ?

……………………………………………………………………………………

……………………………………………………………………………………

5 Doc. 1. **EXPLIQUER.** Comment la grande distribution se protège-t-elle des hausses de prix ?

……………………………………………………………………………………

……………………………………………………………………………………

……………………………………………………………………………………

6 Doc. 2. **DÉCRIRE.** Comment a évolué le nombre de poules pondeuses entre mars 2012 et mars 2013 et quel est l'impact prévisible sur le prix des œufs ?

……………………………………………………………………………………

……………………………………………………………………………………

……………………………………………………………………………………

B … à une baisse de prix

Doc. 3 Pourquoi le prix des œufs baisse-t-il ?

« Depuis deux ans, on savait qu'on allait dans le mur mais personne ne bougeait. » Les professionnels de la filière « œufs de consommation » ne décolèrent pas. Depuis quelques jours, un collectif de producteurs de Bretagne, première région française de la filière avec 40 % des volumes, a décidé de multiplier les actions coup de poing. Jeudi, il a déversé 100 000 œufs devant le centre des impôts de Morlaix (Finistère). […] Le collectif veut obtenir la destruction de 5 % des stocks d'œufs frais afin de limiter la surproduction et faire repartir les cours. Il a reçu le soutien de la FNSEA[1]. […]

Yves-Marie Beaudet, président de la section œufs de l'Union des groupements de producteurs de viande de Bretagne – non impliquée dans le mouvement –, confirme la gravité de la situation puisque la surproduction pèse fortement sur les prix. « Le kilo d'œufs frais est vendu par le producteur pour un total de 75 centimes alors que son prix de revient est de 95 centimes. »

La situation est d'autant plus tendue que le phénomène touche l'ensemble de l'Union européenne. Sur un total de 350 millions de poules pondeuses, l'excédent est estimé entre 15 et 20 millions.

Stanislas du Guerny, *Les Échos*, 12 août 2013.

1. Fédération nationale des syndicats d'exploitations agricoles.

Doc. 4 La colère des producteurs

Des œufs sont cassés par les professionnels de la filière à Carhaix-Plouguer (Finistère), 7 août 2013.

Questions

7 Doc. 3. **EXPLIQUER.** Pourquoi l'auteur de l'article parle-t-il de surproduction ?

……………………………………………………………………………………………

……………………………………………………………………………………………

……………………………………………………………………………………………

……………………………………………………………………………………………

8 Doc. 3. **ANALYSER.** Quel est l'impact de cette situation sur les prix ?

……………………………………………………………………………………………

……………………………………………………………………………………………

……………………………………………………………………………………………

9 Doc. 3. **ANALYSER.** Quelle conséquence cela a-t-il sur les producteurs ?

……………………………………………………………………………………………

……………………………………………………………………………………………

……………………………………………………………………………………………

10 Doc. 3 et 4. **EXPLIQUER.** Comment expliquer l'action des producteurs début août 2013 ?

……………………………………………………………………………………………

……………………………………………………………………………………………

……………………………………………………………………………………………

……………………………………………………………………………………………

Pour conclure

Complétez le schéma ci-contre en utilisant les mots suivants :

- *augmentation (x2)*
- *baisse*
- *stabilité*

…………………………… de l'offre. → …………………………… des prix.

……………………… ou ……………………… de la demande. → …………………………… des prix.

La représentation du marché dans la théorie économique

Mots clés Demande • Marché • Offre • Prix

A Courbe d'offre, courbe de demande et formation des prix

Doc. 1 Offre et demande sur un marché fictif

Un marché rassemble une multitude d'offreurs et de demandeurs. La **courbe de demande** est constituée de l'addition de toutes les demandes individuelles. Elle représente la relation entre le prix du bien et les quantités demandées. Elle est généralement décroissante, car le plus souvent, la demande est d'autant moins importante que le prix du bien est élevé. La **courbe d'offre** représente la relation entre la quantité offerte sur le marché par les vendeurs d'un bien et le prix de ce bien. Plus le prix du bien est élevé, plus la quantité offerte est importante. La courbe d'offre est donc croissante. Le marché est à l'équilibre quand le prix se fixe à un niveau qui égalise l'offre et la demande. Quand le marché est à l'équilibre, il n'y a ni pénurie (tous les acheteurs qui souhaitent acheter à ce prix sont satisfaits) ni rationnement de l'offre (tous les vendeurs peuvent écouler leur marchandise à ce prix).

H. Thammavongsa, © Nathan, 2014.

Doc. 2 Courbe d'offre et courbe de demande

→ Imaginons un minuscule marché fictif : le marché des glaces à la mûre sur une petite plage du sud de la France au mois d'août.

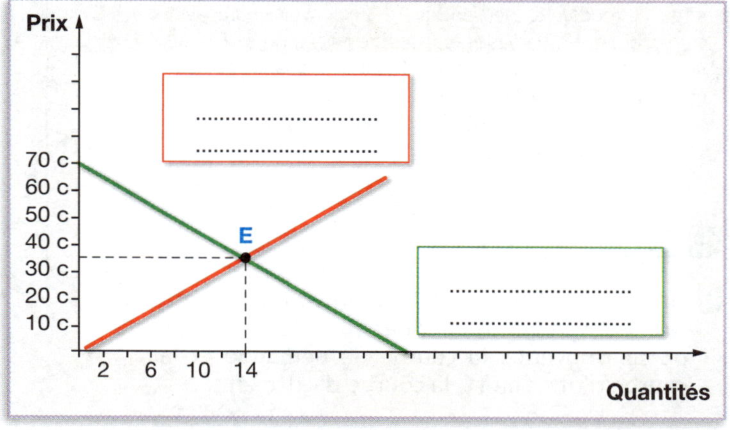

Questions

1 Doc. 1 et 2. **REPRÉSENTER.** En vous appuyant sur le document 1, indiquez sur le document 2 où se trouvent la courbe d'offre et la courbe de demande.

2 Doc. 2. **LIRE.** Pour un prix de 60 centimes, la demande de glaces est de 4 unités. Pour un prix de 10 centimes, la demande est de .... unités.

3 Doc. 1 et 2. **EXPLIQUER.** Pourquoi la courbe de demande est-elle décroissante ?

....

....

....

4 Doc. 2. **LIRE.** Pour un prix de 50 centimes, l'offre de glaces est de .... unités. Pour un prix de 10 centimes, l'offre est de .... unités.

5 Doc. 1 et 2 **EXPLIQUER.** Pourquoi la courbe d'offre est-elle croissante ?

....

....

....

6 Doc. 1 et 2. **EXPLIQUER.** En vous appuyant sur le document 1, expliquez à quelle situation correspond le point E du document 2.

....

....

7 Doc. 2. **LIRE.** Combien de glaces sont finalement vendues sur cette plage et à quel prix ?

....

....

B Variations de l'offre, de la demande et des prix

Doc. 3 Variation de l'offre et de la demande

Les courbes d'offre et de demande représentent une situation du marché à un moment donné, c'est-à-dire une quantité fixe de demandes et d'offres individuelles additionnées. Les quantités échangées sont fonction des variations de prix dans un contexte où le nombre total d'offreurs et de demandeurs ne varie pas. Mais avec le temps, ce nombre de demandeurs ou d'offreurs peut changer, et dès lors, la physionomie du marché se modifie. Cela se produit pour plusieurs raisons. Par exemple, une hausse de prix provoque l'arrivée de nouveaux offreurs. La pénurie ou au contraire la surabondance d'un bien concurrent, la moindre disponibilité d'une matière première, de nouvelles réglementations, etc. ont aussi des effets sur les quantités offertes. Des évolutions démographiques, des effets de mode, etc. peuvent quant à eux avoir un impact sur les quantités demandées. Dans ce cas-là, on assiste à un déplacement des courbes d'offre et de demande toutes entières, et un nouvel équilibre se dessine.

H. Thammavongsa, © Nathan, 2014.

Doc. 4 Variation de l'offre sur un marché fictif

→ L'offre de glaces augmente sur la plage, car un deuxième vendeur s'y installe. Ses exigences et ses coûts sont identiques à ceux du premier vendeur. Ainsi, à prix potentiel identique, la quantité de glaces offertes double entre t1 et t2. Cela se traduit par un déplacement de la courbe d'offre vers la droite (voir graphique). Dans le même temps, la demande de glaces ne change pas.

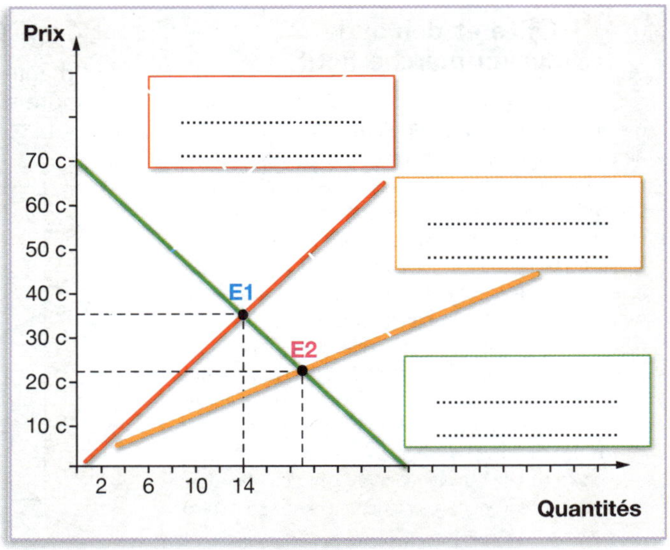

Questions

8 Doc. 3 et 4. **REPRÉSENTER.** En vous appuyant sur le document 3, indiquez sur le document 4 où se trouvent : la courbe de demande et la courbe d'offre en t1, la courbe d'offre en t2.

9 Doc. 4. **LIRE ET EXPLIQUER.** Que signifient les points E1 et E2 sur le graphique ?

....

10 Doc. 4. **LIRE ET EXPLIQUER.** Combien de glaces sont désormais vendues sur la plage et à quel prix ?

....

11 Doc. 3 et 4. **ANALYSER.** Que se passe-t-il en cas d'accroissement de la concurrence sur un marché ?

....

12 Doc. 3 et 4. **REPRÉSENTER ET DÉDUIRE.** Comment se traduirait graphiquement la réduction de l'offre sur le marché, par exemple dans le cas où les matières premières disponibles pour fabriquer les glaces se raréfient ? Tracez une courbe correspondant à un changement de ce type. Quel serait l'impact sur les prix ?

....

13 Doc. 4. **REPRÉSENTER.** Selon vous, comment se traduirait graphiquement une augmentation de la demande ? Tracez une courbe correspondant à cette situation.

....

14 Doc. 4. **DÉDUIRE.** À offre inchangée (courbe d'offre 1), quel serait l'impact d'une augmentation de la demande ?

....

....

Pour conclure

Les affirmations suivantes sont-elles vraies ou fausses ? Cochez la bonne réponse.

	Vrai	Faux
1. La courbe de demande de biens et services est décroissante.	☐	☐
2. La courbe d'offre de biens et services est décroissante.	☐	☐
3. Plus le prix est faible, plus la demande est forte.	☐	☐
4. Une augmentation de l'offre se traduit par un déplacement de la courbe de l'offre vers la droite.	☐	☐
5. Une baisse de la demande se traduit par un déplacement de la courbe de la demande vers la droite.	☐	☐

Les SES *autrement*

Mener une enquête dans votre classe

↳ Demande et prix fictifs de deux produits

Mots clés Demande • Élasticité • Marché • Offre • Prix

OBJECTIF • Vous allez mener une enquête sur les **préférences** des élèves de votre classe et représenter la **courbe de demande pour deux produits fictifs**. Il vous faut respecter des **hypothèses de départ** précises (et peu compatibles avec la réalité !) et recueillir les données de manière rigoureuse.

• Après avoir construit les **courbes de demande** de ces produits, vous pourrez **analyser les résultats** obtenus, et en tirer les conclusions quant à l'impact des préférences collectives sur la forme des courbes de demande que vous aurez construites.

Qu'est-ce qu'une enquête ?
Une enquête est une étude d'une question sociale, économique ou politique par le rassemblement des avis, des témoignages des personnes intéressées.

A Les préférences des élèves dans votre classe

Les hypothèses de départ

• Chaque élève de la classe souffre d'un **fort mal de tête** et d'une **petite faim**.

• On pose comme condition à la réalisation de l'enquête que deux produits sont à même de répondre au mieux à vos besoins et sont disponibles à proximité de votre lycée : un **tube de paracétamol** à la pharmacie car l'infirmerie du lycée est fermée, une **barre chocolatée** à la boulangerie.

• On fait l'hypothèse, peu réaliste mais nécessaire compte tenu du modèle théorique auquel nous nous référons, que **leur prix change chaque jour**.

Recueillir les informations

1 **a.** Désignez un élève chargé de comptabiliser le nombre d'élèves de la classe prêts à acheter une unité de chaque produit pour chaque prix indiqué dans le tableau ci-dessous.
b. Complétez le tableau avec les données recueillies.

Prix	Tube de paracétamol	Barre chocolatée
0,50 €		
0,80 €		
1 €		
2 €		
3 €		
4 €		
5 €		
8 €		
10 €		

Tracer les courbes

2 À l'aide des données recueillies, complétez le graphique ci-contre avec des graduations adéquates, puis tracez les courbes de demande pour chaque produit.

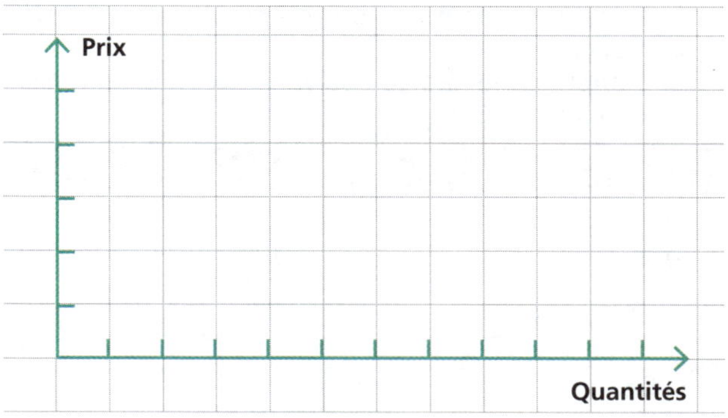

3 Comment expliquez-vous la différence de forme entre la courbe de demande du tube de paracétamol et celle de la barre chocolatée ?

4 Quelle est l'élasticité-prix de la demande dans votre classe pour le tube de paracétamol et la barre chocolatée quand le prix passe de 1 euro à 10 euros ? Commentez votre résultat. ➔ Fiche méthode E

B L'impact de l'évolution de vos préférences sur les prix

De nouvelles hypothèses

- Vous poursuivez l'enquête en posant comme hypothèse que **le contexte a changé**.
- On postule maintenant que le **mal de tête** de chaque élève a beaucoup **diminué**, mais que leur **faim** a beaucoup **augmenté**.
- Le contexte ayant changé, cela modifie la **nature de vos besoins**, et donc probablement aussi le **prix** que vous êtes prêts à payer pour accéder à l'un et l'autre produits.
- En revanche, on décide que les hypothèses concernant la disponibilité des produits et la variation des prix demeurent identiques à celles précédemment posées.

Recueillir les informations

5 **a.** Désignez à nouveau un camarade chargé de comptabiliser le nombre d'élèves prêts à acheter une unité de chaque produit pour chaque prix indiqué, en tenant compte de ce changement de contexte.
b. Complétez le tableau suivant avec les données recueillies.

Prix	Tube de paracétamol	Barre chocolatée
0,50 €		
0,80 €		
1 €		
2 €		
3 €		
4 €		
5 €		
8 €		
10 €		

Tracer les courbes

6 Reportez dans le graphique ci-dessous les nouvelles courbes de demande en bleu, et reportez celles que vous aviez tracées dans la situation précédente en rouge.

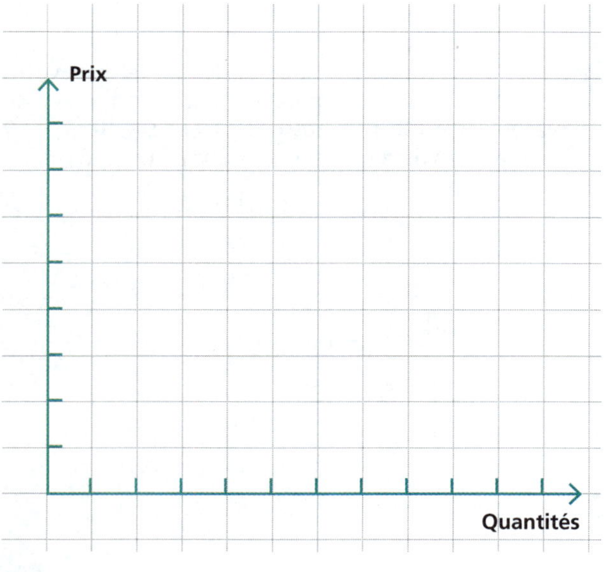

7 Tracez sur le graphique en bas à gauche une courbe d'offre quelconque pour le tube de paracétamol et pour la barre chocolatée. Que constatez-vous concernant les prix pour chaque produit entre les situations 1 (p. 49) et 2 (p. 50) ?

Conclure

8 Quelles relations pouvez-vous établir entre l'enquête que vous venez de mener et le document ci-dessous ?

Doc. 1 De la valeur au coût

Une chose n'a pas une valeur parce qu'elle coûte, comme on le suppose ; mais elle coûte, parce qu'elle a une valeur. Je dis donc que, même sur les bords d'un fleuve, l'eau a une valeur, mais la plus petite possible, parce qu'elle y est infiniment surabondante à nos besoins. Dans un lieu aride, au contraire, elle a une grande valeur ; et on l'estime en raison de l'éloignement et de la difficulté de s'en procurer. En pareil cas un voyageur altéré donnerait cent louis d'un verre d'eau, et ce verre d'eau vaudrait cent louis. Car la valeur est moins dans la chose que dans l'estime que nous en faisons, et cette estime est relative à notre besoin : elle croît et diminue comme notre besoin croît et diminue lui-même.

Étienne Bonnot de Condillac, *Le Commerce et le gouvernement considérés relativement l'un à l'autre*, 1776.

Comment se forment les prix sur un marché ?

L'essentiel

1 L'offre et la demande sur les marchés

- Un **marché** est un lieu de rencontre entre une **offre** et une **demande**. Des marchés divers coexistent dans l'économie : marché des **biens** (produits bruts tels que les œufs, produits manufacturés comme les automobiles), des **services** (fournis aux particuliers ou aux entreprises), des **capitaux**, du **travail**, etc.
- La plupart du temps, les **offreurs** (vendeurs) proposent une quantité de produits d'autant plus importante que les **prix** sont élevés. Ils doivent en effet couvrir leurs **coûts de production**, c'est-à-dire les coûts des matières premières et du travail et réaliser un **bénéfice**. Les **demandeurs** (acheteurs), en revanche, demandent une quantité d'autant plus importante que les prix sont faibles.
- La demande et l'offre sont plus ou moins sensibles aux **variations du prix**. Tout dépend des contraintes s'imposant aux offreurs et des préférences des acheteurs. Par exemple, pour un produit facilement substituable, une hausse de prix entraîne une plus forte baisse de la demande que pour un produit absolument indispensable. L'**élasticité-prix** du premier est plus forte que celle du second. Les **variations des revenus** jouent aussi sur la demande, l'**élasticité-revenu** mesure cette variation.

2 La représentation des marchés par les économistes

- La théorie économique postule qu'**acheteurs et vendeurs** sont des **agents économiques rationnels** qui cherchent à obtenir la plus grande satisfaction : **profit** pour les entreprises, **utilité** pour les acheteurs, qui sont contraints par leur **budget limité**. Ainsi, plus le prix d'un produit est faible, plus la quantité qui peut être achetée est importante, puisque la contrainte budgétaire est d'autant moins forte que le produit acheté est peu onéreux, et inversement.
- Les économistes proposent une **représentation théorique du fonctionnement des marchés**. L'**offre** est représentée par une **courbe croissante** (l'offre est d'autant plus élevée que les prix le sont), et la **demande** par une **courbe décroissante** (la demande est d'autant plus élevée que le prix est faible). La pente des courbes dépend de l'élasticité de l'offre et de la demande aux prix. Ainsi, une courbe de demande proche de l'horizontale signifie qu'une faible variation de prix entraîne une forte variation de quantités, et une courbe proche de la verticale indique que même une forte variation de prix n'entraîne qu'une faible modification des quantités demandées.

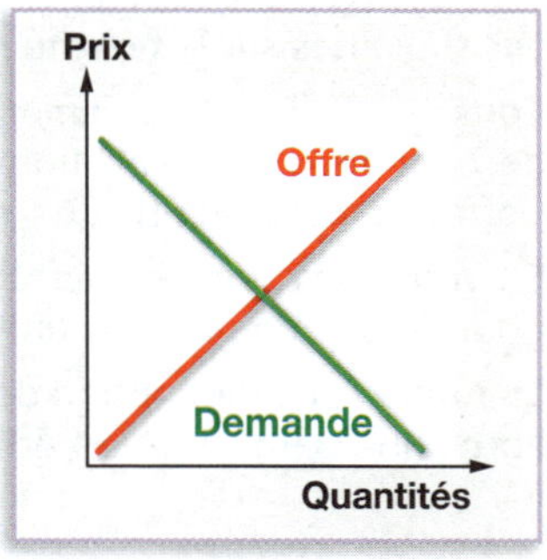

- L'économie apparaît comme un **système de marchés reliés les uns aux autres**. Lorsque l'offre croît plus vite que la demande sur un grand nombre de marchés, les prix ont tendance à baisser.

Mots clés

Demande : quantité d'un produit donné que les agents présents sur un marché veulent acheter pour un prix donné. Les **demandeurs** sont donc les acheteurs. Sur le marché du travail, qui est un marché particulier, les demandeurs sont les employeurs qui ont besoin de se procurer une force de travail pour réaliser leur production.

Élasticité-prix : variation relative de la demande d'un bien par rapport à la variation relative du prix de ce bien. L'élasticité-prix est généralement négative, car une hausse du prix se traduit habituellement par une baisse de la demande.

Élasticité-revenu : variation relative de la demande d'un bien en fonction de la variation relative du revenu.

Marché : lieu réel ou fictif de rencontre entre une offre (les vendeurs) et une demande (les acheteurs) qui aboutit à la formation d'un prix.

Offre : quantité d'un produit donné que les agents présents sur un marché proposent pour un prix donné. Les **offreurs** sont donc les vendeurs. Sur le marché du travail, les offreurs sont les travailleurs qui proposent leur force de travail aux employeurs.

Prix : quantité de monnaie correspondant à la valeur d'un bien sur un marché.

Exercices

Exercice 1 (… / 5 points)

Choisissez la bonne réponse parmi les propositions.

1 Si les coûts de production des entreprises augmentent et que la demande reste stable :

- **a.** ☐ les prix risquent d'augmenter.
- **b.** ☐ les prix risquent de baisser.
- **c.** ☐ les prix vont rester stables.

2 Quand l'offre diminue et que la demande reste stable :

- **a.** ☐ les prix baissent.
- **b.** ☐ les prix augmentent.
- **c.** ☐ les prix restent stables.

3 Généralement, une plus grande concurrence sur un marché conduit à :

- **a.** ☐ une baisse des prix.
- **b.** ☐ une stabilité des prix.
- **c.** ☐ une augmentation des prix.

4 La courbe d'offre est croissante car :

- **a.** ☐ l'offre est d'autant plus faible que les prix sont élevés.
- **b.** ☐ l'offre est d'autant plus forte que les prix sont élevés.
- **c.** ☐ la demande est d'autant plus forte que les prix sont faibles.

5 Une augmentation de la demande se traduit graphiquement :

- **a.** ☐ par un accroissement de la pente de la courbe de demande.
- **b.** ☐ par un déplacement de la courbe de demande vers la gauche.
- **c.** ☐ par un déplacement de la courbe de demande vers la droite.

Exercice 2 (… / 9 points)

Tracez les courbes de demande et d'offre qui respectent les conditions suivantes sur le marché représenté graphiquement ci-contre.

- **Courbes d'offre et de demande à tracer en bleu :** lorsque le prix est de 7 €, l'offre se fixe à 7 unités, et la demande à 2 unités. L'échange s'effectue pour un prix de 4 €, pour 3 unités. *(5 points)*
- **En vert :** à la suite d'une réduction de l'offre, l'échange se réalise pour deux unités au prix unitaire de 7 €. *(2 points)*
- **En rouge :** une diminution de la demande conduit à un nouvel équilibre : une seule unité est échangée, au prix de 6 €. *(2 points)*

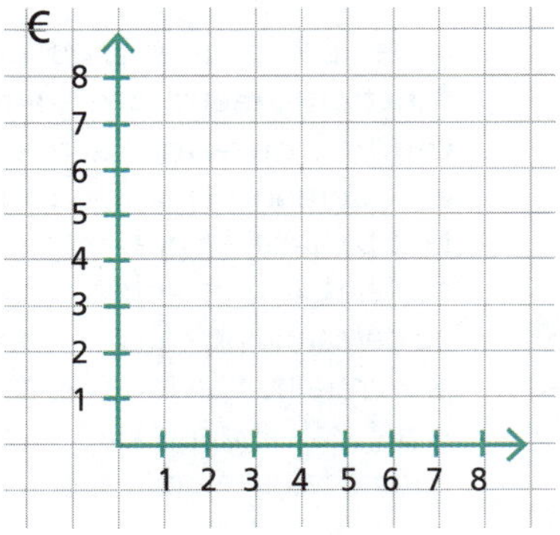

Exercice 3 (… / 6 points)

Complétez les deux schémas ci-dessous en utilisant les expressions suivantes :

Offre plus abondante • Rareté de l'offre • Accroissement de la préférence pour un produit • Accroissement de la demande • Moindre attrait pour un produit • Baisse de la demande.

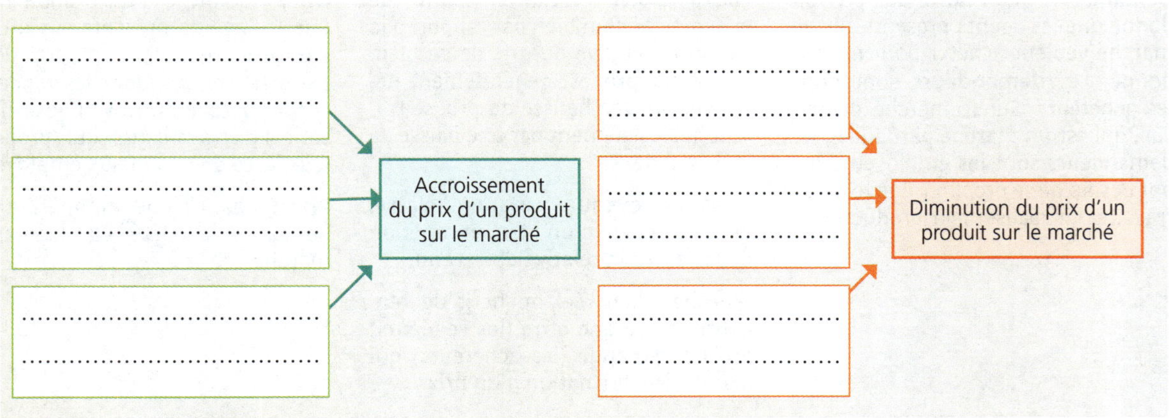

Le marché tient-il compte de la pollution ?

Mots clés Coûts sociaux • Effet externe • Pollution

A Différents types de pollutions

Doc. 1 Pollution naturelle de l'air

Le nuage de cendres (émission de PM10 ou 2,5 de SO_2) dû à l'éruption du volcan islandais Grímsvötn, le 21 mai 2011, a entraîné la fermeture du principal aéroport d'Islande pendant deux jours.

Doc. 2 Pollution de l'air d'origine humaine

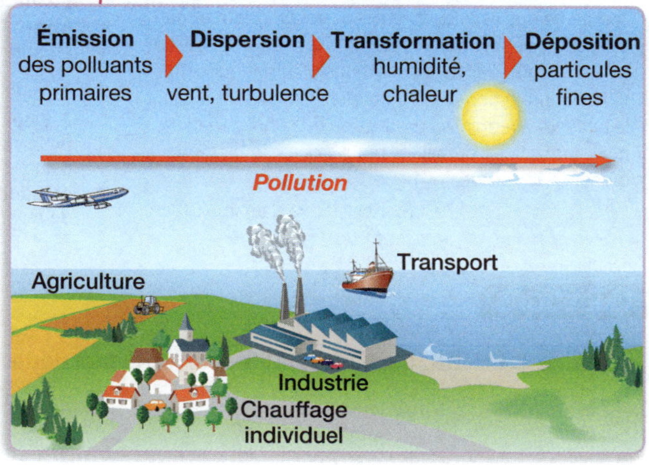

Doc. 3 L'agressivité de la pollution

Pour respirer, un individu consomme entre 15 000 et 20 000 litres d'air par jour. L'air n'est jamais totalement pur. Le diazote N_2 et le dioxygène O_2 représentent environ 99 % de sa composition. Dans le 1 % restant, on trouve une grande variété de composés (SO_2 : dioxyde de soufre ; CO : oxydes de carbone ; NO_x : oxydes d'azote ; COV : composés organiques volatils ; PM10 ou 2,5 : particules de diamètre inférieur à 10 ou à 2,5 microns ; O_3 : ozone) plus ou moins agressifs pour l'homme ou son environnement (faune, flore, rivières, etc.), à l'origine directement ou non (par pollution des terres et des rivières) de maladies respiratoires, de cancers et de mortalité pour l'homme, et aussi du réchauffement climatique.

M. Abellard, © Nathan, 2014.

Questions

1 Doc. 1 à 3. **DÉCRIRE.** Quelles sont les origines possibles des pollutions de l'air ?

....

....

....

....

....

2 Doc. 1 à 3. **DÉDUIRE.** Qui en sont les victimes ?

....

....

3 Doc. 1 à 3. **DÉDUIRE.** Complétez le schéma ci-dessous avec les expressions suivantes :

pollution des aliments • pollution de l'eau • pollution de l'air • pollution des terres • réduction de la production économique

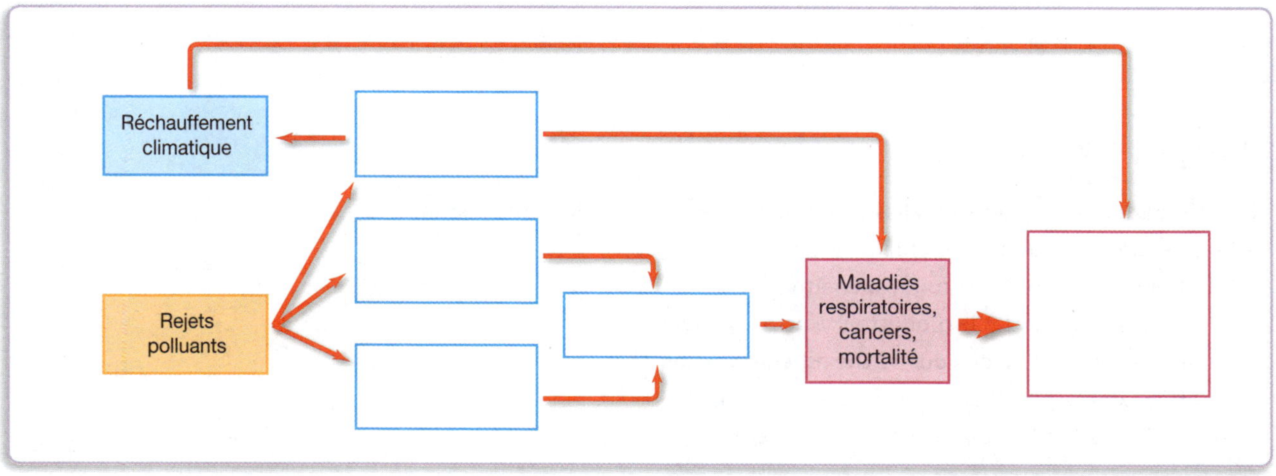

B Les coûts sociaux de la pollution

Doc. 4 Qu'est-ce qu'une externalité ?

Les économistes désignent par « effet externe » ou « externalité », le fait que l'activité de production ou de consommation d'un agent économique exerce un effet secondaire qui affecte le bien-être d'un autre agent sans payer de compensation pour cet effet. Une externalité est négative quand elle entraîne un dommage mais elle est positive quand elle procure un avantage.

Le coût total de la production est plus élevé que son prix de vente sur le marché. Ce prix de vente ne comprend pas les coûts externes ou coûts sociaux : frais médicaux, dépollution, coûts liés à la mortalité et à la maladie, coûts liés au réchauffement climatique, etc.

Le libre fonctionnement du marché ne conduit pas le pollueur à réduire sa production ou consommation polluante : il est défaillant pour assurer le bien-être global de la société.

M. Abellard, © Nathan, 2014.

Doc. 5 Impacts sanitaires de la pollution de l'air

Impacts sanitaires par les particules en France	Exposition chronique aux PM10 en 1996[1]	Exposition chronique aux PM 2,5 en 2000[1]
Mortalité (nombre de décès prématurés)	32 000	42 000
Hospitalisations	34 000	13 000
Nouveaux cas de bronchites chroniques	37 000	21 000
Évaluation du coût sanitaire (mortalité et morbidité) en milliards d'euros[2]	De 20,8 à 23,7	De 27,7 à 29,8

1. Seule évaluation connue.
2. Deux méthodes de calcul sont utilisées, en l'absence de marché de la vie humaine : évaluer la perte d'une année de vie humaine à 41 000 euros (recommandation de la Commission européenne) ; ou additionner tous les coûts sociaux (frais médicaux, perte de loisirs, de revenu lié à la perte de production).

Source : *Le Point sur* « Pollution de l'air et santé », CGDD, octobre 2013.

Questions

4 Doc. 4. **DÉFINIR.** Quelles sont les deux caractéristiques définissant un effet externe (externalité) ?

....

....

....

....

5 Doc. 4. **EXPLIQUER.** Que sont les coûts sociaux ?

....

....

6 Doc. 4. **DÉDUIRE.** Pourquoi le libre fonctionnement du marché conduit-il à la pollution ?

....

....

7 Doc. 5. **LIRE.** Rédigez une phrase présentant l'information apportée par la donnée en rouge.

....

....

8 Doc. 4 et 5. **SYNTHÉTISER.** Pourquoi est-il difficile d'évaluer les coûts sociaux liés à l'externalité négative que représente la pollution de l'air ?

....

....

....

....

Pour conclure

Les affirmations suivantes sont elles vraies ou fausses ? Cochez la bonne réponse.

	Vrai	Faux
1. Respirer des particules représente un effet externe négatif.	☐	☐
2. Un effet externe positif accroît le bien-être.	☐	☐
3. Le prix du marché incite le producteur à ne pas polluer.	☐	☐
4. En cas d'externalité, le prix du marché est égal aux coûts sociaux.	☐	☐
5. Un effet externe positif entraîne des coûts sociaux.	☐	☐
6. L'activité industrielle est source de coûts sociaux.	☐	☐

Comment l'État peut-il agir sur la pollution ?

Mots clés Incitation • Normes environnementales • Subvention • Taxe

A Les politiques incitatives

Doc. 1 Le bonus-malus écologique en France

Subvention ou taxe pour l'achat d'une voiture neuve selon le niveau d'émission de CO_2 en g/km		
	Barème 2008	**Barème 2014**
Bonus	De 125 à 130 : **200 €** Moins de 60 : **5 000 €**	De 85 à 90 : **150 €** Moins de 20 : **600 €**
Neutre	De 131 à 160 : **0 €**	De 91 à 130 : **0 €**
Malus	De 161 à 165 : **200 €** Plus de 250 : **2 600 €**	De 131 à 135 : **150 €** Plus de 201 : **8 000 €**

Le CO_2 est un gaz à effet de serre qui contribue au réchauffement climatique. Les voitures diesels émettent moins de CO_2 que les voitures à essence. Seules les voitures électriques ont des émissions de CO_2 inférieures à 20 g/km.

Source : www.carte-grise.org, 2014.

Doc. 2 Des voitures moins polluantes

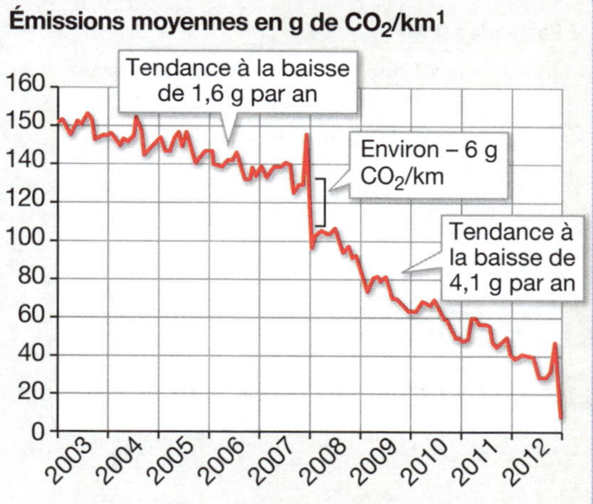

1. Voitures particulières neuves immatriculées chaque mois.
Source : SOeS. *Panorama-Énergies-Climat*, édition 2013.

Point notion

Incitation
Information envoyée aux agents économiques par le système des prix du marché, qui oriente leur comportement de production ou de consommation. L'État peut modifier les comportements en subventionnant les produits les moins polluants et en taxant les produits les plus polluants.

Questions

1. Doc. 1. **LIRE.** De quoi dépend le niveau des taxes ou des subventions lors de l'achat d'une voiture neuve ?

....

....

....

....

2. Doc. 1. **COMPARER.** Comment a évolué le barème du bonus-malus de 2008 à 2014 ?

....

....

....

3. Doc. 1 et 2. **DÉDUIRE.** Quel est l'effet du bonus et du malus pour l'acheteur d'une voiture neuve ?

....

....

4. Doc. 1 et 2. **LIRE ET COMPARER.** Quel a été l'effet du bonus-malus écologique et de son évolution ?

....

....

....

5. Doc. 1 et 2. **DÉDUIRE.** Le niveau d'émission moyen de CO_2 de l'ensemble du parc automobile est supérieur à celui des voitures neuves. Pourquoi ?

....

....

....

....

B Les politiques contraignantes

Doc. 3 Les normes Euro[1] sur les véhicules neufs

En mg/km	Moteur essence		Moteur diesel	
Norme	Euro 5[2]	Euro 6[3]	Euro 5	Euro 6
Oxyde d'azote (Nox)	60	60	180	80
Monoxyde de carbone (CO)	1 000	1 000	500	500
Hydrocarbures (HC)	100	100	-	-
Hydrocarbures non méthaniques	68	68	-	-
HC + Nox	-	-	230	170
Particules (PM)	5	4,5	5	4,5

1. Règlement (CE) issu d'un vote du Parlement européen et du Conseil de l'UE fixant les limites d'émission applicables aux véhicules neufs.
2. Effective au 1er janvier 2011.
3. Effective au 1er janvier 2015.

Source : http://europa.eu/legislation, 2014.

Doc. 4 Les effets de la norme Euro 6

La norme Euro 6, qui entre en vigueur en septembre 2014[1], impose de rendre le diesel aussi « propre » que l'essence. Ce qui va se répercuter sur le prix de vente. Chez PSA, on chiffre le surcoût à plusieurs centaines d'euros par véhicule. Ses concurrents Renault et Ford estiment quant à eux que les modèles diesels pourraient se renchérir de 800 à 1 000 euros.

Pour une citadine à 15 000 euros, l'impact est loin d'être négligeable. Sur ce segment, le recul du diesel pourrait être massif. Chez PSA, on estime que les motorisations essence pourraient représenter 70 à 80 % des ventes dans les voitures urbaines après l'entrée en vigueur de la norme Euro 6. [...]

Pour se conformer à cette réglementation, les constructeurs automobiles devraient adopter le SCR (*Selective Catalytic Reduction*). Ce système consiste à injecter de l'urée sur les gaz d'échappement pour provoquer une réaction chimique qui transforme les oxydes d'azote. Il a été jugé plus efficace que les autres solutions, [...] mais il est aussi plus coûteux.

Ingrid Feuerstein, *Les Échos*, 10 octobre 2013.

1. Les producteurs doivent avoir homologué les véhicules à la norme obligatoire Euro 6.

Questions

6 Doc. 3. **LIRE.** Quel est l'objectif de ces règlements européens ?

....

....

....

....

7 Doc. 3 et 4. **LIRE ET DISTINGUER.** Montrez la différence entre une taxe et les normes Euro.

....

....

....

....

....

8 Doc. 4. **LIRE.** Quel est le coût de la diminution de la pollution (dépollution) en appliquant la norme Euro 6 ?

....

....

9 Doc. 4. **EXPLIQUER.** Quels sont les effets de la norme Euro 6 ?

....

....

....

....

> Pour conclure

Complétez le texte ci-dessous à l'aide des mots suivants :
plus • moins (x2) • incite • réduit (x2) • accroît (x2)

Le bonus-malus écologique .... les acheteurs de véhicules neufs à préférer ceux qui émettent le .... de CO_2. Le malus, qui est une taxe, ... le prix du véhicule le .... polluant et le bonus, qui est une subvention, ... le prix du véhicule le .... polluant. La norme Euro .... les émissions de polluants émis par les véhicules neufs de manière obligatoire en fixant des limites d'émissions de polluants, ce qui .... le coût de fabrication et donc le prix des véhicules diesels.

Les **SES** *autrement*

Utiliser une bande dessinée

↳ Les dégâts de la pêche en eaux profondes

Mots clés Coûts sociaux • Effet externe • Normes environnementales • Ressources communes

A Lire et comprendre la bande dessinée

DÉMARCHE

1. Qu'est-ce qu'une bande dessinée ?

• Une bande dessinée est un **récit**, raconté en **images graphiques successives** de différentes tailles. Elle se lit, en général, de gauche à droite ; une page forme une **planche**. Le **titre**, les **bulles**, les **commentaires** constituent le texte qui nous permet de situer et comprendre les images, en les reliant entre elles.

• La bande dessinée est un **art visuel** qui utilise les techniques de la littérature (méthodes de narration, figures de styles, etc.), de la photographie (zoom), du cinéma (plans, angles, flash-back, etc.), de la peinture, et contient des références culturelles.

2. Une bande dessinée contre la pollution

• Vous allez analyser des extraits d'une bande dessinée sur le **chalutage profond**, issue du site de l'illustratrice **Pénélope Bagieu**. Cette bande dessinée a été réalisée pour sensibiliser les lecteurs à la pêche en eaux profondes, et pour les inviter à signer une **pétition** demandant l'interdiction du chalutage profond (1 800 mètres).

• Il convient, dans un premier temps, de comprendre le récit de la bande dessinée sur cette méthode de pêche qu'est le chalutage en eaux profondes.

Pénélope Bagieu, novembre 2013.

APPLICATION

1 Que symbolisent les trois poissons en haut de la BD ?

....

....

2 Qu'est-ce que le chalutage profond ?

....

....

....

....

3 Quels sont les effets immédiats du chalutage profond ?

....

....

....

....

4 Pourquoi est-ce « destructif » selon les scientifiques ?

....

....

....

....

....

5 À qui appartiennent les poissons dans la mer ?

....

B Analyser la bande dessinée

DÉMARCHE

3. Utiliser les SES pour analyser la bande dessinée

• Les sciences économiques et sociales offrent des outils qui permettent de comprendre la réalité en la simplifiant. En utilisant des **mécanismes** (par exemple, ceux du marché) et des **notions** (par exemple, un effet externe), on peut cerner et **comprendre un problème économique et social**.

• On peut aussi rechercher des **solutions** pour remédier à un problème, par exemple une atteinte à des ressources disponibles communes. Les poissons sont des ressources disponibles communes ; ce sont des biens que toute personne ou groupe de personnes peuvent librement pêcher. Mais la pêche abusive par certains implique qu'il y ait moins de poissons à la disposition des autres.

Pénélope Bagieu, novembre 2013.

APPLICATION

6 Que propose la Commission européenne ? Pourquoi est-ce compliqué ?

7 La proposition de la Commission européenne est-elle une norme ou une incitation ?

8 Pourquoi les bancs de poissons sont-ils des « ressources disponibles communes » ?

Le bilan de la pétition

Le **vote du Parlement européen** du 10 décembre 2013 n'a pas permis d'interdire la pêche en eaux profondes. Mais la **médiatisation de la pétition** a conduit la flotte d'Intermarché, la Scapêche, à s'engager à arrêter, d'ici à début 2015, de pêcher avec des chaluts de fond au-delà de 800 mètres de profondeur contre actuellement 1 800 mètres. « L'engagement de la Scapêche prouve qu'ils ont entendu la demande des citoyens de cesser les pratiques de pêche destructrices en grande profondeur », réagissait Claire Nouvian, qui a lancé la pétition contre le chalutage profond avec la bande dessinée de Pénélope Bagieu.

9 Montrez que la pêche est source d'effet externe (ou d'externalité) négative.

10 Qu'ont finalement obtenu les signataires de la pétition ?

FICHE DE RÉVISION

La pollution : comment remédier aux limites du marché ?

L'essentiel

1 Le marché tient-il compte de la pollution ?

- La **pollution** de l'air peut être d'origine **naturelle**, mais, le plus souvent, c'est l'**activit** (production, consommation) qui est source de pollution de l'air, de l'eau, des terres, et du ment climatique. La pollution de l'air provoque une **dégradation de l'environnement**, de et une **surmortalité** humaine.
- La pollution de l'air est donc une **externalité négative** qui entraîne des **coûts sociaux**. prix du marché n'intègre pas ces coûts, le producteur est incité à poursuivre ses productions Le libre fonctionnement du marché est donc inefficace pour assurer le bien-être social e d'externalité. Ainsi, les **coûts sociaux de la pollution de l'air** (coût sanitaire, coût du réch climatique) ne peuvent être pris en compte par le marché et dépendent du mode d'estimati
- L'**intervention de l'État** est donc nécessaire pour pallier ces défaillances du marché, en mo **comportements** des agents économiques.

2 Comment l'État peut-il agir sur la pollution ?

- L'État peut intervenir sur le marché par des **politiques incitatives**, c'est-à-dire des **inci** réduire la pollution en mettant en place des **taxes** (qui augmentent le prix) sur les produit polluants et des **subventions** (qui réduisent le prix) sur les produits les moins polluants. Le bon a ainsi permis de réduire l'émission de CO_2 (facteur du réchauffement climatique) des voitures
- Les États peuvent **réglementer le marché** en mettant en place des **politiques contraig** des **normes environnementales** obligatoires pour les producteurs, les consommateurs (ou dans le cas de réglementations européennes). Le non-respect des normes conduit à des pours **sanctions judiciaires**. Les normes Euro fixant les limites d'émission des polluants des voitures obligent les constructeurs à modifier les techniques utilisées (qui sont alors plus coûteuses) pour ré la pollution, ce qui pénalise la production de voitures diesels au bénéfice des voitures à moteur esse Ces normes peuvent être réclamées par les **citoyens** pour préserver la **biodiversité** et les **ressour disponibles communes** afin d'interdire des techniques de production destructrices pour l'environne ment, comme le chalutage profond.

Mots clés

Coûts sociaux : coûts supplémentaires engendrés pour réparer les effets externes négatifs produits par les marchés : la disparition d'espèces animales, la déforestation, la pollution de l'air ou des rivières, l'accumulation de déchets ménagers, etc.

Externalité (effet externe) : effet positif (avantage) ou négatif (dommage) provoqué par l'activité de production ou de consommation d'un agent économique qui exerce un effet secondaire affectant le bien-être d'un autre agent ou de la société tout entière, sans donner lieu à une compensation monétaire.

Incitation : information envoyée aux agents économiques par le système des prix du marché (taxes ou subventions), qui oriente leur comportement de production ou de consommation.

Normes environnementales : règles édictées par les pouvoirs publics définissant les caractéristiques des biens produits et des processus de production ou les qualités de l'environnement (air, eau, ressources naturelles, etc.), afin de limiter l'impact négatif de certaines activités sur l'environnement ou de les interdire. Le non-respect des normes se traduit par des poursuites judiciaires.

Pollution : dégradation de l'environnement naturel. Elle peut être d'origine naturelle mais est le plus souvent liée à l'activité humaine, par l'introduction de substances chimiques, de déchets industriels et ménagers ou de rejets de gaz à effet de serre. La pollution nuit aux ressources biologiques et aux écosystèmes, favorise des dérèglements climatiques, provoque des nuisances olfactives excessives et/ou met en danger la santé humaine.

Subvention : aide financière versée par l'État à l'acheteur d'un bien, réduisant son prix d'achat, ou à un producteur, réduisant son coût de production.

Taxe : prélèvement opéré par l'État en pourcentage du prix du produit, ce qui en accroît le prix d'acquisition.

Testez vous !

Exercices

Ex e 1

(... / 6 points)

une des propositions suivantes, indiquez s'il s'agit : (a) d'une externalité positive, (b) d'une exter- ative, (c) aucune des deux. *(1 point par bonne réponse)*

- lution des sols et des nappes phréatiques résultant de l'usage de pesticides dans l'agriculture. ☐
- isfaction procurée par l'achat d'un pain au chocolat. ☐
- éation d'une jachère fleurie face à votre immeuble d'habitation. ☐
- rejets d'eau radioactive dans la mer par la centrale nucléaire de Fukushima. ☐
- fumée de cigarette produite par votre voisin de table à la terrasse d'un restaurant. ☐
- n logiciel libre de droits téléchargeable. ☐

xercice 2

(... / 4 points)

ans le texte ci-contre, surlignez es expressions caractéristiques :
- **d'une externalité positive en vert,**
- **d'une externalité négative en bleu,**
- **de coûts externes ou sociaux en jaune.**

(1 point par bonne réponse)

> « La productivité de nombreuses cultures agricoles dépend de la présence d'insectes pollinisateurs et d'écosystèmes qui abritent ces populations d'insectes », indiquent des scientifiques du Centre commun de recherche, précisant : « La pollinisation par les insectes est nécessaire pour 75 % des productions vivrières mondiales. » Ce chiffre monte à 84 % sur le territoire européen.
>
> Si les productions de céréales, de racines et de tubercules n'ont pas besoin de la pollinisation, les productions de fruits, de légumes, d'oléagineux, d'épices, etc. en sont dépendantes. Les pollinisateurs sauvages (bourdons, papillons, etc.) seraient plus efficaces que les abeilles. Or, ces insectes sont menacés dans leur diversité et leur nombre, notamment à cause de la disparition progressive de leurs habitats et de l'intensification agricole qui a recours aux insecticides et pesticides. Sans pollinisation, les rendements des cultures vivrières européennes pourraient chuter de 25 à 32 %.
>
> D'après www.actu-environnement.com, janvier 2014.

Exercice 3

(... / 10 points)

Pour chacune des propositions suivantes, indiquez s'il s'agit d'une *norme*, d'une *incitation* ou *aucune des deux*. Si c'est une incitation, précisez s'il s'agit d'une *taxe* ou d'une *subvention*.
Une même proposition peut donner lieu à une ou deux réponses. *(2 points par bonne réponse)*

1. Introduit sur le marché il y a trente ans, l'hexafluorure de soufre (SF_6), gaz à effet de serre dont l'impact est 22 800 fois supérieur à celui du CO_2, a été interdit par l'Union européenne dans la fabrication de certains produits. ....
2. La Commission européenne propose aux États d'enrayer le fléau écologique que représente la dissémination dans la nature des sacs en plastique. ....
3. Pour protéger les colonies d'abeilles, le ministère de l'Agriculture a présenté des mesures pour soutenir et organiser la recherche génétique sur les abeilles. ....
4. En 2012 et 2013, la Ville de Paris proposait d'aider les résidents parisiens et les professionnels dans l'achat de deux-roues électriques – cyclomoteurs et vélos – à hauteur de 25 % du prix.

....

5. Le péage urbain mis en place à Stockholm en 2006 pour limiter la pollution atmosphérique.

....

FICHE D'ACTIVITÉS 17

Le diplôme et l'insertion professionnelle des jeunes

Mots clés Diplôme • Emploi • Qualification • Taux d'emploi • Taux de chômage

A Niveau de diplôme et accès à l'emploi

Doc. 1 Situation professionnelle et niveau de diplôme

Situation professionnelle des jeunes 3 ans après leur sortie du système éducatif	Taux d'emploi (en %)		Taux de chômage (en %)	
	2007 (sortis en 2004)	2010 (sortis en 2007)	2007 (sortis en 2004)	2010 (sortis en 2007)
Brevet ou sans diplôme	56	48	33	40
CAP ou BEP	76	70	17	24
Baccalauréat professionnel ou technologique	78	75	13	15
Baccalauréat général	62	55	14	19
Diplôme du supérieur	87	85	7	9
ENSEMBLE DES SORTANTS	**77**	**73**	**14**	**18**

France métropolitaine

Source : Céreq, enquêtes génération, 2011.

Point notion

Taux d'emploi et taux de chômage

Le **taux d'emploi** est le rapport entre la population active occupée et la population totale.

Le **taux de chômage** est le rapport entre le nombre d'individus sans emploi ou en recherchant un et la population dite active.

Doc. 2 Le diplôme, une condition de l'insertion

Le fossé qui se creuse entre jeunes diplômés et non diplômés ne date pas de la crise financière de 2008. La situation de l'emploi des jeunes sans diplôme se dégrade progressivement depuis une trentaine d'années. Cela tient à l'importance grandissante du diplôme comme condition minimum de l'insertion professionnelle. Il y a trente ou quarante ans, il était plus facile de trouver un emploi non qualifié pour les jeunes qui sortaient précocement du système scolaire, tout simplement parce que ces types d'emplois étaient plus nombreux et que les exigences à l'embauche étaient moins fortes. Mais on le sait bien, dans l'industrie notamment, ils ont été détruits en grand nombre.

Olivier Galland, « Une jeunesse française divisée », www.revue-etudes.com, janvier 2012.

Questions

1 Doc. 1. **LIRE.** Rédigez une phrase présentant l'information apportée par la donnée en rouge.

....

2 Doc. 1. **DÉDUIRE.** Quel lien peut-on établir entre diplôme et insertion professionnelle ?

....

....

....

3 Doc. 1. **COMPARER.** Pour l'ensemble des jeunes sortis du système éducatif en 2004 et ceux sortis en 2007, quelle est l'évolution du taux de chômage ?

a. Quel que soit le niveau de diplôme : ....

b. Pour les sortants sans diplôme ou titulaires du brevet : ....

c. Pour les titulaires d'un diplôme du supérieur : ....

4 Doc. 1 et 2. **EXPLIQUER.** Pourquoi, lorsque le chômage augmente, les non-diplômés sont-ils les plus pénalisés ?

....

....

....

B Diplôme et qualification

Doc. 3 Qualification : de quoi parle-t-on ?

QUALIFICATION DES INDIVIDUS

→ Ensemble des qualités, des aptitudes propres, des savoir-faire acquis par la formation et/ou l'expérience d'un individu.

QUALIFICATION DE L'EMPLOI

→ Qualifications dans le cadre d'une classification retenue par une négociation collective (exemple : OP = ouvriers professionnels).

→ Ensemble des qualités nécessaires en fonction du poste de travail. Elles sont définies par l'employeur et figurent dans le contrat de travail.

Questions

5 Doc. 3. **ILLUSTRER.** Trouvez des exemples de qualification des individus et de qualification de l'emploi.

6 Doc. 3. **ARGUMENTER.** Dans quelle mesure les qualifications individuelle et de l'emploi se recoupent-elles ?

Doc. 4 Les sortants « sans qualification » et les sortants « sans diplôme »

L'expression « sortie sans qualification » désigne une interruption d'études en premier cycle d'enseignement secondaire ou au cours de la première année de CAP. Dans cette approche, c'est la classe fréquentée qui prévaut et non le diplôme obtenu. Un jeune peut être sans diplôme mais être qualifié par exemple s'il sort de dernière année de CAP en ayant échoué à l'examen. Depuis 2005, un peu plus de 40 000 jeunes sortent chaque année du système éducatif « sans qualification » même si les sorties sans qualification n'ont cessé de baisser entre 1975 et 2005. En 1975 elles représentaient le quart des élèves d'une génération contre 5 % aujourd'hui. Cette formidable baisse résulte de l'élévation générale du niveau d'études. Les élèves en difficulté scolaire interrompent désormais plus tard leurs études, mais 140 000 d'entre eux sortent encore sans diplôme. Dans le même temps, l'élévation générale du niveau de diplôme a entraîné un glissement des normes de qualification de l'emploi vers le haut. Ainsi les mêmes catégories d'emplois, d'ouvriers à cadres, sont pourvues à des diplômes plus élevés qu'auparavant.

Ministère de l'Éducation nationale, note d'information, août 2012.

7 Doc. 4. **DÉFINIR.** Quelles sont les différences entre « sans qualification » et « sans diplôme » ?

8 Doc. 4. **EXPLIQUER.** Quel est l'effet de l'élévation générale du niveau de diplôme en matière d'emploi ?

Pour conclure

Complétez le texte ci-dessous avec les mots suivants :

touchés • diplôme • avantage • chômage • diplômés • inégaux • augmentation • d'études

Face à la crise, les jeunes sont .... en termes d'accès à l'emploi selon le niveau de .... qu'ils ont atteint. De façon générale, avoir un diplôme est un .... pour l'insertion professionnelle. Globalement, l'élévation du niveau .... se traduit par une .... de la qualification requise pour occuper un poste. Les non-diplômés sont d'autant plus .... par le .... persistant que les .... acceptent les emplois auxquels ils auraient pu prétendre.

Le diplôme : un investissement efficace ?

Mot clé Capital humain

A Des formations plus ou moins efficaces ?

Doc. 1 Formation initiale et emploi

Paradoxalement, obtenir un premier emploi correspondant strictement à sa formation initiale n'est pas souvent la norme, en dehors de quelques professions ou formations réglementées (pharmaciens, infirmiers, etc.). […] Une fois la carrière engagée en décalage avec la spécialité de la formation initiale, l'expérience spécifique cumulée prend le pas sur les acquis de la formation initiale.

Par ailleurs, il n'est pas évident que trouver un emploi dans le domaine de sa formation soit un des premiers objectifs des individus. Les différences de rémunération suivant les emplois, les contraintes de mobilité géographique et l'existence de réseaux sociaux et familiaux sont autant de facteurs déterminants qui peuvent affecter les choix des individus et les éloigner de leur formation initiale.

Thomas Couppié, Jean-François Giret, Alberto Lopez, Insee Formation-emploi, 2009.

Doc. 2 Secteurs porteurs, secteurs saturés

Certaines formations ciblent des métiers très précis. Lorsque ces métiers se situent dans des secteurs de pointe, le diplôme peut avoir un rendement très élevé. À l'inverse, certains domaines d'études peuvent déboucher sur des segments saturés du marché du travail. Les débuts de carrière sont alors plus difficiles et les diplômés accèdent à des emplois très éloignés des débouchés visés. Ainsi pour les niveaux de diplôme allant du CAP-BEP aux DUT-BTS, les spécialités des services débouchent souvent sur des segments saturés alors que les formations en mécanique, électricité ou informatique sont très prisées par les entreprises.

www.insee.fr, 2013.

Doc. 3 Bien choisir son diplôme

Dessin de Deligne, 2009.

Questions

1 Doc. 1. **LIRE.** Pour quelles raisons un jeune peut-il préférer un emploi qui ne correspond pas à sa formation de départ ?

2 Doc. 1. **EXPLIQUER.** Pourquoi le décalage entre le type d'emploi occupé et la nature des études suivies ne se résorbe-t-il pas avec le temps ?

3 Doc. 2. **EXPLIQUER.** Pour quelles raisons certains secteurs sont-ils porteurs et d'autres saturés ?

4 Doc. 2 et 3. **ANALYSER.** Quel lien pouvez-vous établir entre les documents 2 et 3 ?

B Diplôme, productivité et salaire

Doc. 4 Efficacité et diplôme

Pourquoi un étudiant titulaire d'un master est-il assuré de se voir proposer un salaire supérieur à un étudiant titulaire d'une licence ? Parce que le premier est plus productif que le second, en raison d'un investissement plus important : telle est la réponse apportée par la **théorie du capital humain**, développée par Gary Becker[1]. L'éducation est considérée comme un investissement, destiné à produire un revenu futur. L'idée est que plus on est formé, plus on est efficace, or le salaire dépend de la productivité.

La **théorie du signal** développée par Michael Spence[2], repose sur une tout autre vision de la relation entre éducation et salaire : c'est parce que la personne est douée et efficace qu'elle obtient des diplômes et non l'inverse. Le fait qu'il détienne un master signale ce surcroît de talent et donc de productivité à l'employeur.

Dorothée Picon, www.scienceshumaines.com, 15 avril 2011.

1. Gary Becker (né en 1930), économiste américain ayant reçu le prix Nobel d'économie en 1992 pour sa théorie sur le capital humain.
2. Michael Spence (né en 1943), économiste américain.

Doc. 5 Salaire et diplôme

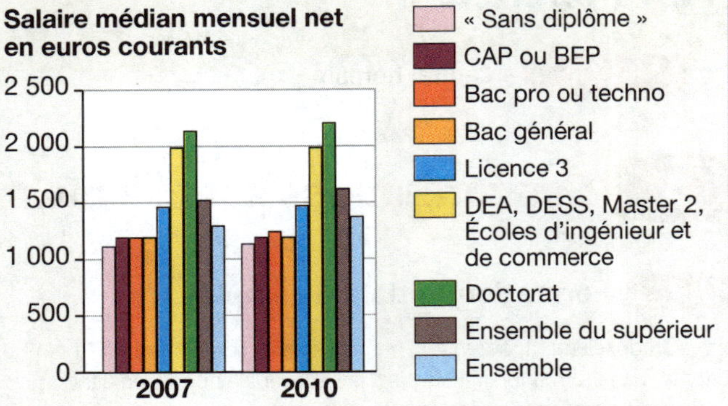

Source : Céreq, mars 2011.

Champ : jeunes en emploi 3 ans après leur sortie du système éducatif.

Point notion

Salaire médian

Salaire tel que la moitié des salariés de la population considérée gagne plus et l'autre moitié moins.

Questions

5 Doc. 4. **DISTINGUER.** Quelle théorie caractérise chaque lien de causalité ?

• Théorie du .... = Études → Efficacité de l'individu	• Théorie du .... = Efficacité de l'individu → Obtention du diplôme

6 Doc. 4. **EXPLIQUER.** Dans chaque théorie, pourquoi l'employeur désire-t-il connaître le niveau de diplôme ?

....

....

....

7 Doc. 5. **DÉDUIRE.** Quelle relation peut-on établir entre salaire et niveau de diplôme ?

....

....

....

8 Doc. 5. **CALCULER.** À l'aide d'un coefficient multiplicateur, exprimez l'écart de salaire mensuel net médian entre les titulaires d'un doctorat et les « sans diplôme ». ➔ Fiche méthode B

....

....

Pour conclure

Complétez le texte ci-dessous à l'aide des mots suivants :

productivité • emploi (x2) • investissement • formation • deux • insertion • diplôme • saturés

L'adéquation entre la nature des études poursuivies et le premier .... n'est pas systématique. Cette situation ne concerne qu'un jeune sur .... Lorsque la .... débouche sur des secteurs ...., la probabilité d'accepter un .... éloigné de sa spécialité de départ augmente. Pour autant, cela ne se traduit pas nécessairement par une moins bonne .... professionnelle. Plus qu'au domaine de formation, l'employeur s'attache au niveau de .... car il est révélateur des compétences de l'individu et donc de sa .... Ainsi, le diplôme peut être perçu comme un ....

Un égal accès au diplôme ?

Mots clés Catégories socioprofessionnelles • Démocratisation de l'accès à l'enseignement supérieur • Massification

A Niveau d'études selon le milieu social

Doc. 1 Niveau d'études selon le milieu d'origine

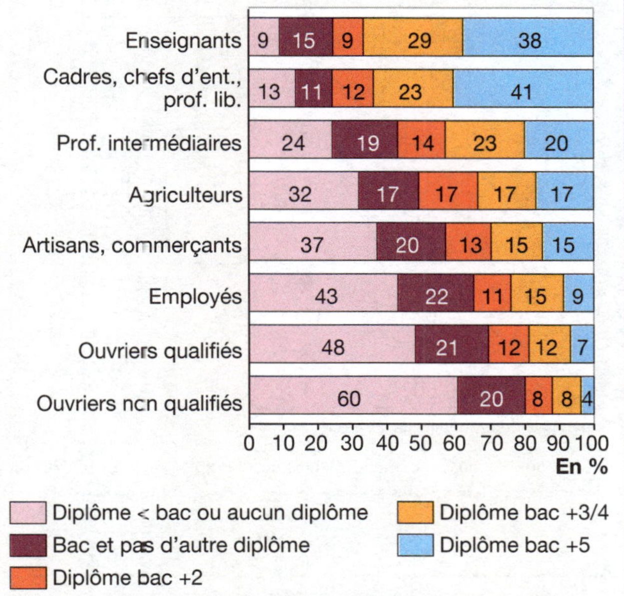

Champ : ensemble des élèves entrés en sixième en 1995.

Source : Ministère de l'Éducation nationale, juin 2012.

Doc. 2 De la massification à la démocratisation de l'enseignement ?

Particulièrement vif dans les années 1970, le débat sur l'aspect méritocratique de l'école ressurgit aujourd'hui. […] Depuis plusieurs décennies, l'accès à l'enseignement supérieur s'est considérablement élargi. Aujourd'hui 50 % d'une classe d'âge atteint ce niveau d'études. La question de la massification et de la démocratisation reste d'actualité […]. C'est désormais à l'aune de la probabilité d'accéder aux filières les plus prestigieuses et/ou les plus rentables sur le marché du travail et d'y obtenir effectivement un diplôme que cette question doit être appréciée. Les licences professionnelles font partie de ces diplômes prisés sur le marché du travail, et leur développement a bel et bien permis à davantage d'enfants d'origine modeste d'atteindre le niveau licence. Mais ce niveau d'études n'ouvre pas pour autant la porte des destinées professionnelles les plus convoitées. Ainsi, les clivages en termes d'origine sociale n'ont pas disparu.

J. Calmand et D. Epiphane, *Formation-Emploi* n° 117, janvier-mars 2012.

Point notion

Massification et démocratisation

La **massification de l'enseignement** signifie l'accès à l'école de l'ensemble des enfants toutes catégories sociales confondues.

La **démocratisation de l'enseignement** signifie l'accès aux formations du supérieur mesuré par la part d'une classe d'âge qui poursuit des études supérieures avec une probabilité équivalente d'accès quel que soit le milieu d'origine. En 2012, les enfants de classes défavorisées sont toujours sous-représentés au niveau Bac +5.

Il peut ainsi y avoir massification sans démocratisation.

Questions

1. Doc. 1. **LIRE.** Quelle proportion d'enfants d'employés sort de formation avec un diplôme Bac +5 ?

....

....

2. Doc. 1. **CALCULER.** Quel est l'écart entre la part des sortants « sans diplôme » ou « diplôme < bac » des enfants d'ouvriers non qualifiés et celle des enfants d'enseignants ?

....

....

....

....

....

....

3. Doc. 1. **DÉDUIRE.** Quel lien peut-on établir entre la part des sortants « sans diplôme ou < bac » et le milieu d'origine ?

....

....

....

....

4. Doc. 2. **LIRE.** Quelle part d'une classe d'âge accède à l'enseignement supérieur ?

....

....

5. Doc. 2. **EXPLIQUER.** À quelle condition peut-on considérer que le système scolaire fonctionne selon une logique démocratique ?

....

....

....

....

6. Doc. 2. **LIRE.** Quel type de formation semble participer à la démocratisation de l'enseignement supérieur ?

....

....

....

....

....

B Filles et garçons sur le chemin de l'égalité ?

Doc. 3 Diplôme des femmes et insertion professionnelle

Diplômes et domaines de formation		Part des femmes (en %)	Taux de chômage (en %)	Salaire mensuel médian net pour les personnes en emploi (en euros 2010)
BEPC, CEP, sans diplôme		41	41	1 075
CAP, BEP	Production	13	22	1 220
	Services	78	29	1 060
Diplômes paramédicaux niveau CAP-BEP	Services	99	10	1 345
Bac général	Sciences exactes et naturelles	41	17	1 305
	Sciences humaines et sociales	68	18	1 180
Bacs technologique et professionnel	Production	13	11	1 300
	Services	73	19	1 150
BTS, DUT et équivalents	Production	18	10	1 470
	Services	66	12	1 315
Diplômes paramédicaux et sociaux		87	3	1 620
Licences, licences professionnelles	Sciences, production	41	9	1 550
	Sciences humaines et sociales, services	67	11	1 415
Masters 1 et 2, doctorats hors santé	Sciences, production	38	9	1 960
	Sciences humaines et sociales, services	62	11	1 700
Écoles d'ingénieurs et de commerce		32	7	2 310
Doctorats de santé		60	4	2 400

Champ : France métropolitaine, population des ménages, jeunes sortis de formation initiale depuis moins de six ans.

Source : Insee, cumul des enquêtes « Emploi » de 2005 à 2010.

Questions

7 Doc. 3. **LIRE.** Quel est le domaine d'activité le plus choisi par les femmes ?

a. Pour les diplômes de la voie professionnelle (CAP, bac pro et techno, BTS) : ....

b. Pour les diplômes de la voie générale (licences, masters, écoles, doctorats) : ....

8 Doc. 3. **CALCULER.** En pourcentage, quel est le supplément du salaire médian dans le domaine de la production par rapport à celui des services pour les deux niveaux de diplômes suivants ?

a. BTS, DUT et équivalents : ....

....

b. Bacs technologique et professionnel : ....

....

9 Doc. 3. **RÉSUMER.** Que peut-on en conclure sur les choix de formation des femmes ?

....

....

....

....

Pour conclure

Les affirmations suivantes sont-elles vraies ou fausses ? Cochez la bonne réponse.

	Vrai	Faux
1. 50 % d'une classe d'âge accède à l'enseignement supérieur en 2012.	☐	☐
2. Le niveau de diplôme atteint à l'issue de la formation initiale est indépendant du milieu d'origine.	☐	☐
3. Le développement des licences professionnelles a contribué à la démocratisation de l'enseignement supérieur.	☐	☐
4. Les femmes sortant du système éducatif sont plus diplômées que les hommes.	☐	☐
5. Les femmes sont surreprésentées quel que soit le type de diplôme.	☐	☐

Les SES autrement

Organiser un débat

Faut-il poursuivre la course aux diplômes ?

Mots clés Déclassement • Diplôme • Emploi • Qualification

A Les arguments « pour »

DÉMARCHE

1. Préparer le débat

• Vous préparez un **débat** autour de la question : **« Faut-il poursuivre la course aux diplômes ? »**

• La classe se scinde en **deux groupes** : un groupe travaille sur la thèse **« favorable à la poursuite de la course aux diplômes »**, l'autre groupe travaille sur la **thèse opposée**. Chaque groupe prépare des **arguments** pour le débat et peut proposer une présentation avec des **diapositives** à projeter lors de la séance pour illustrer le propos.

2. Exploiter l'information

• Pour défendre les **arguments favorables** à la poursuite de la course aux diplômes, vous pouvez vous appuyer sur les **documents 1 à 3**.

• Vous pouvez également vous rendre au **CDI** ou chercher sur **internet** des documents (textes, données statistiques) vous permettant d'appuyer votre argumentation, par exemple sur le **site de l'Insee**.

3. Synthétiser les idées

• Une fois les documents collectés, **listez vos arguments**.

• Puis, regroupez-vous par deux ou trois pour **développer** chaque argument. Pour chacun d'eux, citez au moins un **exemple**.

APPLICATION

Doc. 1 Niveau d'éducation dans certains pays de l'UE

En %	Part des 18-24 ans dont le niveau d'études ne dépasse pas le 1er cycle du secondaire	Part des 25-64 ans ayant au moins terminé le 2nd cycle du secondaire
Allemagne	11,5	86,3
Danemark	9,6	76,9
France	12	71,6
Pays-Bas	9,1	72,3
UE à 27	13,5	73,4

Source : TEF, Insee, 2013.

Doc. 2 La qualification, un enjeu

L'une des causes structurelles du chômage dont on sous-estime souvent l'importance tient à l'insuffisante qualification de la main-d'œuvre, alors même que la mondialisation nous impose aujourd'hui de monter en gamme toute notre production pour aller vers une compétitivité par la qualité et non par le prix. L'enjeu n'est pas seulement de développer un enseignement supérieur long et la recherche, il est aussi et surtout d'offrir à chaque Français une qualification minimale tout au long de sa vie.

Emmanuel Combe, « Une qualification pour chacun, la croissance pour tous », www.lemonde.fr, 17 janvier 2012.

Doc. 3 Une deuxième chance ?

Les non-diplômés, les exclus du système éducatif secondaire ou supérieur restent durablement éloignés de l'emploi. Or, la société française offre peu d'opportunités à ces jeunes de se rattraper. Pendant plusieurs années, la plupart vivront « la galère » des petits boulots, de la difficulté à se loger.

Frédéric Wacheux, « Quand l'école est finie », Céreq, 2012.

1 Doc. 1. Que peut-on dire du niveau de diplôme minimal de la population active française ?

....

....

....

....

....

2 Doc. 2. Recherchez les définitions de « compétitivité-qualité » et « compétitivité-prix ».

....

....

....

....

3 Doc. 2. Pour quelle raison, dans le cadre de la mondialisation, la France devrait-elle privilégier la compétitivité par la qualité ?

....

....

....

B Les arguments « contre »

DÉMARCHE

• Le groupe chargé de défendre les arguments « contre la poursuite de la course aux diplômes » reprend la même démarche des **étapes 2 et 3** (p. 67) avec les **documents 4 à 6**.

4. Débattre

• Désignez **deux élèves** de la classe qui auront le rôle de **modérateurs**. Ils sont chargés de **préparer le déroulé du débat**. Pendant le débat, les modérateurs **distribuent la parole de manière équitable** entre les deux groupes, et veillent à son bon déroulement. Ils **notent les arguments** de chacun des groupes, afin de rédiger le compte-rendu du débat.

• Dans un débat, chacun peut **s'exprimer librement** et avoir un avis différent de celui des autres. Pour défendre son point de vue, il faut présenter des **arguments**.

5. Rédiger le compte-rendu du débat

• À la fin du débat, retenez les **idées principales** et rédigez un **compte-rendu** grâce aux notes des modérateurs.

• La **conclusion** de votre compte-rendu doit répondre à la question : « Faut-il poursuivre la course aux diplômes ? »

APPLICATION

Doc. 4 Les effets de l'inflation scolaire

Élever sans cesse le niveau scolaire, [...] encourager les élèves à poursuivre leurs études sont un mauvais investissement pour le pays et creusent les inégalités. [...] D'abord, parce que les places sont en nombre limité : celui qui l'emporte en prive forcément le concurrent, contraint de se rabattre sur des positions moins prestigieuses, moins rémunérées ou moins intéressantes, provoquant le déclassement des jeunes diplômés du supérieur. Ensuite, parce que l'inflation des diplômes réduit leur valeur, elle tend à encourager des stratégies d'allongement des études [...].

Ensuite, cela accentue les inégalités. [...] Des lignes de faille séparent toujours plus ceux dont les familles, à force de dépense, de capital social et d'informations, ont su choisir les bonnes filières.

Denis Clerc, *Alternatives économiques* n° 243, janvier 2006.

Doc. 5 Ces emplois qui ne trouvent pas preneurs

L'enquête annuelle « Besoins en main-d'œuvre », publiée le 7 avril 2013 par Pôle emploi, indique que [...] le top 15 des métiers les plus prisés des entreprises en 2013 est quasi inchangé. Si l'on exclut les métiers saisonniers (près de 36 % des offres), les profils d'agents d'entretien, aides à domicile, apprentis de cuisine, aides-soignants, serveurs ou agents d'accueil figurent parmi les plus demandés. Il s'agit essentiellement de métiers à faible niveau de qualification, souvent dans les services aux particuliers [...].

L'Expansion, 9 avril 2013.

Doc. 6 Le diplôme, une course sans fin ?

Dessin de Malingrëy.

4 Doc. 4. Quelle est la conséquence du déclassement des jeunes diplômés sur l'insertion professionnelle des « sans diplôme » ?

....

....

....

....

....

5 Doc. 4. Quelle est la stratégie face à la dévalorisation des diplômes ? Qui peut la mettre en œuvre ?

....

....

....

....

....

....

6 Doc. 5. Quelle est la caractéristique des emplois pour lesquels les employeurs prévoient les embauches les plus nombreuses ? Pourquoi ?

....

....

....

7 Doc. 6. Quel lien peut-on établir entre le dessin et le sujet du débat ?

....

....

8 Sur une feuille à part, rédigez le compte-rendu du débat et répondez à la question : « Faut-il poursuivre la course aux diplômes ? »

Le diplôme : un passeport pour l'emploi ?

L'essentiel

1 Le diplôme et l'insertion professionnelle des jeunes

- Le diplôme constitue un **avantage** pour accéder à l'**emploi**. Si le **taux d'emploi** des jeunes trois ans après leur sortie du système éducatif est de 75 %, il n'est que de 48 % pour les jeunes sans diplôme.
- Ainsi, le diplôme reste la meilleure **protection face au chômage**. Le **taux de chômage** moyen des jeunes sans diplôme est deux fois plus élevé (40 %) que celui de l'ensemble des jeunes (18 %).
- La **qualification des individus** n'est pas toujours compatible avec la **qualification de l'emploi**.

2 Le diplôme : un investissement efficace ?

- Certaines formations mènent à des **secteurs saturés**, et les personnes concernées doivent travailler dans un autre secteur.
- Selon Gary Becker, l'ensemble des savoirs, des savoir-faire et des compétences forment le **capital humain d'un individu**, qui permet d'accroître sa **productivité**. Mais, pour Michael Spence, le niveau de diplôme est un **signal** vers l'employeur sur le **talent** et la **productivité** potentielle du diplômé.

3 Un égal accès au diplôme ?

- Le système éducatif français a connu au cours de ces trente dernières années un **allongement de la durée des études**, une **élévation des niveaux de formation**, une **massification** et une certaine **démocratisation de l'enseignement**. Certes, les jeunes issus de milieux modestes en ont bénéficié mais les **clivages sociaux** demeurent encore dans l'accès aux formations les plus prestigieuses.
- Les **femmes**, plus diplômées en moyenne que les hommes, connaissent une **insertion professionnelle plus difficile**. Leur formation, souvent dans le domaine des services, les conduit vers des secteurs saturés marqués par des taux de chômage élevés.

4 Une course aux diplômes aux résultats contrastés

- La combinaison du progrès technique et de la mondialisation des économies suppose que les pays disposent d'une **main-d'œuvre qualifiée** pouvant assurer une **compétitivité-qualité**. Il faut donc élever le nombre de diplômés.
- Pourtant, cette expansion scolaire ne fait pas l'unanimité. Les diplômés plus nombreux dans un contexte de **chômage élevé** sont conduits à accepter des postes pour lesquels ils sont **surqualifiés**. Outre le **déclassement** qu'ils subissent, ils privent les non qualifiés de postes qui leur auraient été accessibles.

Mots clés

Capital humain : ensemble des capacités intellectuelles ou physiques, des connaissances et des qualifications d'un individu qui contribue à accroître sa productivité et sa rémunération.

Chômage : situation des personnes (de 15 ans et plus) privées d'emploi et en recherchant un.

Déclassement : situation d'un individu obligé d'accepter un poste inférieur à celui qu'il aurait pu obtenir compte tenu de son niveau de diplôme.

Démocratisation de l'enseignement : accès aux formations du supérieur mesuré par la part d'une classe d'âge qui poursuit des études supérieures avec une probabilité équivalente d'accès quel que soit le milieu d'origine.

Emploi : exercice d'une activité professionnelle déclarée et rémunérée.

Massification de l'enseignement : accès à l'école de l'ensemble des enfants toutes catégories sociales confondues.

Qualification : ensemble des aptitudes acquises par l'individu ou requises pour occuper un emploi.

Taux d'emploi : rapport entre le nombre d'individus occupant un emploi et un nombre de personnes donné, par exemple personnes en âge de travailler, femmes de 25 à 29 ans, jeunes de 15 à 24 ans, etc.

Taux de chômage : rapport entre le nombre d'individus sans emploi ou en recherchant un et la population dite active.

Testez vous !

Exercices

Exercice 1

(... / 4 points)

Les affirmations suivantes sont-elles vraies ou fausses ? *(1 point par bonne réponse)*

	Vrai	Faux
1 Le taux de chômage des jeunes sans diplôme est deux fois supérieur au taux de chômage moyen des jeunes.	☐	☐
2 Le salaire médian des jeunes a augmenté malgré la crise.	☐	☐
3 Les filles sont plus souvent diplômées dans le domaine de la production que les garçons.	☐	☐
4 La compétitivité qualité correspond à une production à bas prix.	☐	☐

Exercice 2

(... / 7 points)

À l'aide du graphique et de vos connaissances, complétez le texte ci-dessous. *(1 point par bonne réponse)*

À l'exception des diplômés ...., le taux de chômage des femmes est toujours .... à celui des hommes, et quelquefois très largement. Pour autant, sur l'ensemble des sortants, l'écart entre les taux de chômage des deux sexes est de .... Les .... atteignent en moyenne un niveau d'études plus élevé que les .... Or la qualité de l'insertion est étroitement liée au niveau de ....: 48 % des .... de la génération 2007 détiennent un diplôme de l'enseignement supérieur contre 35 % pour les hommes.

Taux de chômage en 2010 (en %)

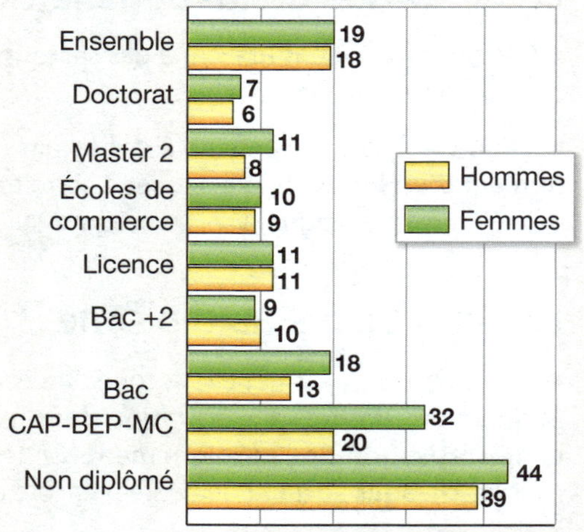

Champ : jeunes actifs 3 ans après leur sortie du système éducatif.

Source : *Céreq*, 2011.

Exercice 3

(... / 9 points)

1 Rédigez une phrase présentant l'information apportée par la donnée en rouge. *(2 points)*

....

....

....

2 Quelle est la part des enfants de cadres, professions libérales et enseignants inscrits en classes préparatoires ? *(3 points)*

....

....

....

....

3 Que concluez-vous des réponses aux questions précédentes ? *(4 points)*

....

....

....

....

Origine sociale des nouveaux bacheliers s'inscrivant dans les principales filières de l'enseignement supérieur en 2011

En %	Université	CPGE (classes préparatoires aux grandes écoles)	STS (sections de techniciens supérieurs)
Agriculteurs, artisans commerçants chefs d'ent.	10,5	10,5	10,3
Prof. libérales, cadres, enseignants	29,8	49	13,2
Prof. intermédiaires	14,4	12,1	12,6
Employés	15,2	9,3	15,6
Ouvriers	13,8	6,3	21,4
Retraités inactifs	10,2	6	11,4
Indéterminé	6,1	6,8	15,5
TOTAL	**100**	**100**	**100**

Source : État de l'enseignement supérieur et de la recherche, février 2013.

L'emploi en France

Mots clés Actifs • Chômage • Emploi • Inactifs • Taux d'activité • Taux de chômage

A Activité, emploi, chômage

Doc. 1 La population d'âge actif en 2012

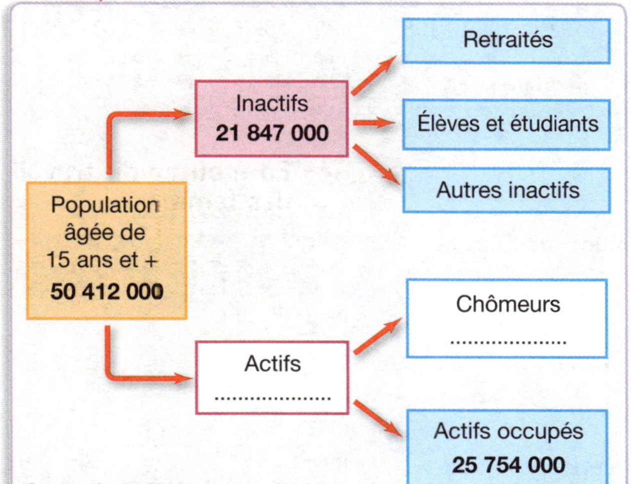

Source : *Insee*, 2012.

Doc. 2 Des distinctions parfois floues

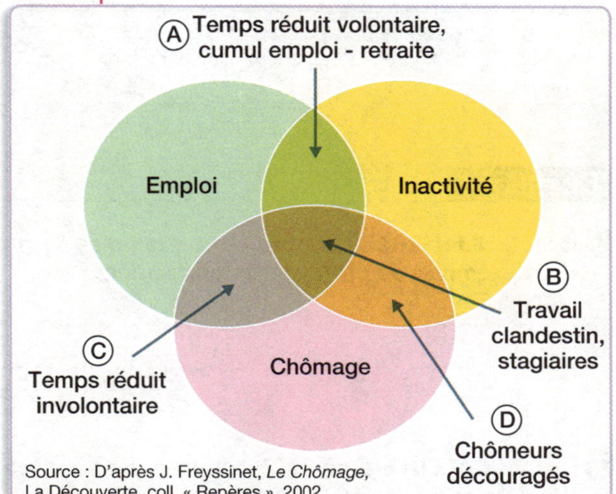

Source : D'après J. Freyssinet, *Le Chômage*, La Découverte, coll. « Repères », 2002.

Questions

1 Doc. 1. **DÉDUIRE.** À quels termes du schéma les définitions suivantes renvoient-elles ?

a. Personne qui n'est ni en emploi ni au chômage : ....

b. Personne qui exerce une activité rémunérée : ....

c. Personne qui recherche activement une activité rémunérée et n'en exerce pas : ....

d. Personne qui exerce une activité rémunérée ou en cherche une : ....

2 Doc. 1. **CALCULER.** Combien y a-t-il d'actifs en France ? Combien de chômeurs ? Complétez le schéma.

3 Doc. 1. **CALCULER. a.** Quel est, en pourcentage, le rapport, appelé taux d'activité, entre le nombre d'actifs et le nombre d'individus de plus de 15 ans ?

........../.......... x 100 = ... %

b. Quel est le rapport, appelé taux d'emploi, entre le nombre d'actifs occupés et le nombre d'individus de plus de 15 ans ?

........../.......... x 100 = ... %

c. Quel est le rapport, appelé taux de chômage, entre le nombre de personnes au chômage et le nombre d'actifs ?

........../.......... x 100 = ... %

4 Doc. 1. **DISTINGUER.** Pourquoi, selon vous, un lycéen ou un étudiant ne sont-ils pas considérés comme actifs ?

....

....

....

5 Doc. 2. **DÉDUIRE.** Parmi les situations repérées par les lettres A, B, C, D dans le schéma, lesquelles induisent la précarité de certaines situations professionnelles ?

....

....

....

B L'évolution de l'emploi

Doc. 3 40 ans d'évolution de l'emploi

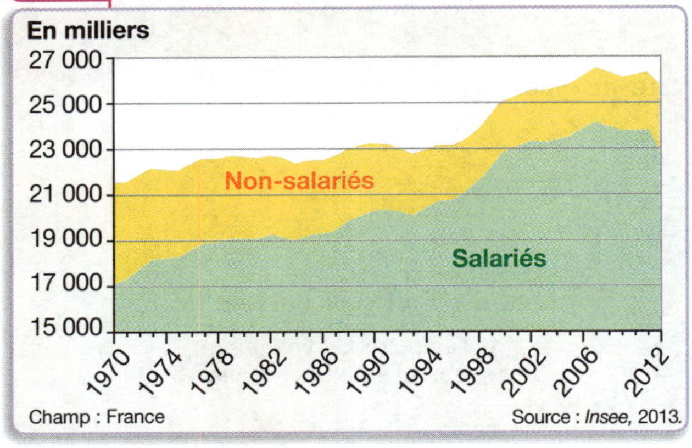

Champ : France
Source : *Insee*, 2013.

Doc. 4 Taux d'emploi en fonction de l'âge

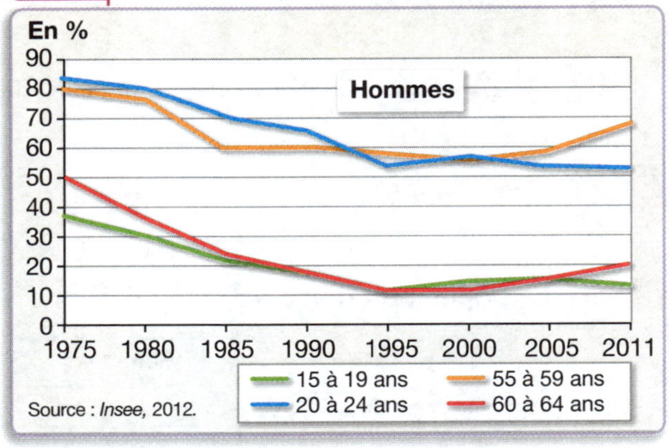

Source : *Insee*, 2012.

Questions

6 Doc. 3. **ILLUSTRER.** Donnez deux exemples de professions salariées et deux exemples de professions non salariées.

....

....

....

7 Doc. 3. **CALCULER.** En 2012, combien y a-t-il d'actifs occupés ? De salariés ? De non-salariés ?

....

....

....

Doc. 5 La montée du travail des femmes

En %	Part des femmes dans l'emploi
1970	35
1975	37
1980	39
1985	41
1990	43
1995	45
2000	46
2005	47
2010	48
2012	48

Source : Insee, 2013.

8 Doc. 3. **RÉSUMER.** Depuis 1970, quelle est l'évolution de l'emploi selon la tendance générale, selon le nombre de salariés et de non salariés ?

....

....

....

9 Doc. 4. **EXPLIQUER.** Comment a évolué le taux d'emploi des 15-19 ans et des 60-64 ans ? Pourquoi selon vous ?

....

....

....

10 Doc. 5. **REPRÉSENTER.** Complétez le graphique ci-contre avec les données fournies dans le document 5.

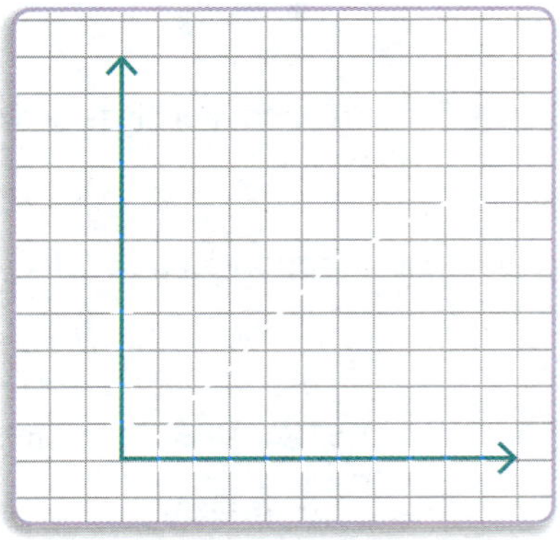

11 Doc. 5. **RÉSUMER.** Comment a évolué la part des femmes dans l'emploi ?

....

....

Pour conclure

Complétez le schéma ci-contre à l'aide des notions suivantes :

- *nombre d'emplois*
- *nombre de chômeurs*
- *taux d'activité*
- *population d'âge actif*

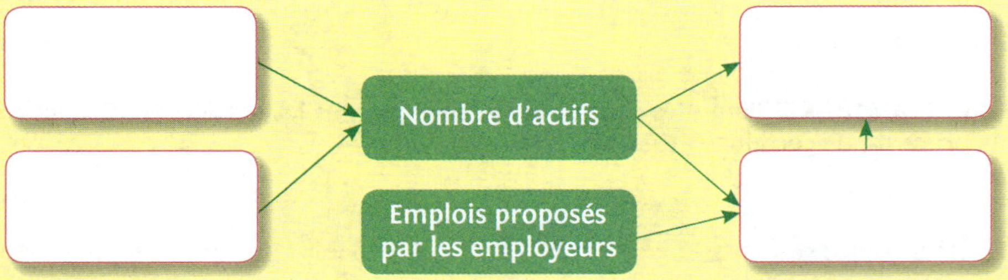

L'évolution du chômage

Mots clés Chômage • Taux de chômage

A Mesure et évolution du chômage

Doc. 1 Les cinq catégories de chômage selon l'Insee

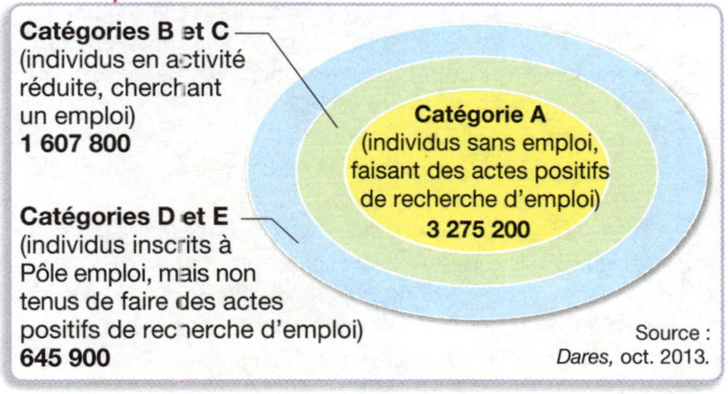

Source : *Dares*, oct. 2013.

Doc. 2 Évolution du taux de chômage

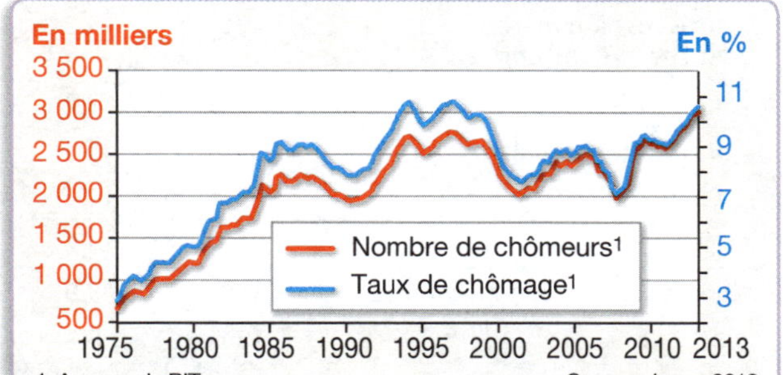

1. Au sens du BIT.

Source : *Insee*, 2012.

Point notion

Chômeur

Un chômeur est une personne qui n'a pas d'emploi, qui est apte au travail et qui fait des actes positifs de recherche d'emploi.

La définition du chômage retenue par le ministère du Travail diffère de celle du Bureau international du travail (BIT) pour des raisons techniques.

Doc. 3 La dynamique du chômage

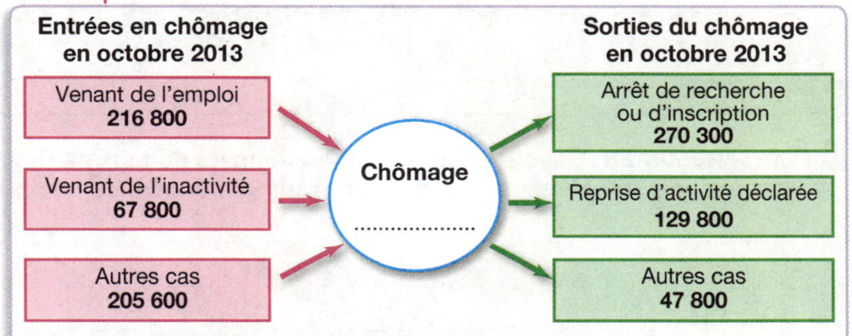

Source : *Dares (données France métropolitaine)*, octobre 2013.

Questions

1 Doc. 1. **LIRE.** Quelle condition de la définition du chômage n'est pas pleinement remplie :

a. par les personnes en catégories B et C ? ....

b. par les personnes en catégories D et E ? ....

2 Doc. 1. **CALCULER.** Combien y a-t-il de chômeurs dans les catégories A à C ? Et dans les catégories A à E ?

....

....

3 Doc. 2. **LIRE.** Après avoir rappelé ce qu'est le taux de chômage, rédigez une phrase présentant l'information apportée par la donnée de 2013.

....

....

4 Doc. 2. **SYNTHÉTISER.** Quelles sont les grandes lignes de l'évolution du chômage ?

....

....

5 Doc. 3. **CALCULER.** Combien de personnes entrent en chômage en octobre 2013 ? Combien en sortent ? Complétez le schéma.

....

....

B Être au chômage

Doc. 4 Les caractéristiques des chômeurs

	Nombre de chômeurs (en milliers)	Taux de chômage (en %)
ENSEMBLE	**2 811**	**9,8**
15-24 ans	658	23,9
25-49 ans	1 628	9,0
50 ans et plus	525	6,8
CSP		
Agriculteurs exploitants, artisans, commerçants et chefs d'entreprise	74	3,3
Cadres et prof. intell. sup.	180	3,7
Prof. intermédiaires	362	5,4
Employés	837	10,3
Ouvriers	901	14,4
Chômeurs depuis 1 an ou plus	**1 118**	**3,9**
15-24 ans	179	6,5
25-49 ans	642	3,5
50 ans et plus	297	3,9

Source : Insee, Enquête emploi, 2012.

Doc. 5 Chercher un emploi

L'auteur, journaliste, s'est fait passer pour une chômeuse sans qualification pendant six mois.

Devant moi, les offres du jour ont commencé à apparaître. Je les connais presque toutes par cœur, ce sont les mêmes qui tournent en boucle parfois pendant des jours.

– À Deauville, vous nettoierez les extérieurs d'un magasin de luxe, trottoirs et vitres. Vous travaillerez 1h30 par jour du lundi au samedi, de 9h à 10h30. Expérience exigée en lavage de vitres.

– À Bréville, dans une collectivité, vous serez cette personne chargée du service à l'assiette, de la plonge, du ménage des communs, du ménage des chambres. Horaire découpé (9h-14h30 et 19h30-22h), travail les jours fériés et week-ends par roulement ; contrat à durée déterminée de deux mois, expérience exigée de service en salle. […]

Je repère une nouvelle annonce :

– À Caen, vous participerez à une tournée événementielle d'envergure nationale.

Je téléphone, […] le « manager » m'explique que la tournée événementielle consiste à distribuer des échantillons de déodorant dans une rue piétonne, un samedi après-midi. « Vous avez plus de vingt-cinq ans ? Alors pourquoi vous me faites perdre mon temps ? Vous savez bien que c'est un mauvais point pour ce genre de job. Et à quoi vous ressemblez ? Blonde ? Rousse ? Je vous préviens, j'ai une pile de candidatures devant moi : au deuxième mauvais point, je raccroche. »

Florence Aubenas, *Le Quai de Ouistreham*, L'Olivier, 2010.

Questions

6 Doc. 4. **RÉSUMER.** En vous appuyant sur les données du taux de chômage, faites le portrait du chômeur type. Pourquoi ne pouvez-vous pas vous appuyer sur les données du nombre de chômeurs ?

....

....

....

7 Doc. 5. **LIRE.** Les trois offres d'emploi évoquées nécessitent-elles une qualification ou des qualités particulières ?

....

....

....

8 Doc. 5. **DÉDUIRE.** Pourquoi, selon vous, certaines offres restent-elles sans réponse pendant des jours ?

....

....

....

Pour conclure

Complétez le texte ci-dessous à l'aide des notions suivantes :

1985 • 2007 • 3 275 200 • 5 528 900 • réduit • jeunes • ouvriers • personnes en emploi • personnes inactives

En octobre 2013, le nombre des chômeurs recensés par le ministère du Travail varie, selon la définition retenue, entre .... et .... Quelle que soit la mesure, la hausse est incontestable. Après la forte hausse observée entre 1975 et ...., le chômage fluctue. Ces dernières années, le chômage a en effet atteint un point bas en .... et remonte depuis. Les entrées en chômage viennent des .... mais surtout des .... Le chômage touche différemment les groupes d'âge. Il est le plus élevé pour les .... La CSP la plus touchée est celle des .... Sortir du chômage est difficile pour les personnes peu qualifiées, car les emplois disponibles sont rares et souvent à temps de travail ....

Réaliser une synthèse de documents

Les SES *autrement*

↳ Le rôle du coût salarial dans l'emploi

Mots clés Coût salarial • Coût unitaire • Demande • Demande anticipée • Salaire

A Analyser les documents de la synthèse

DÉMARCHE

1. Maîtriser les notions contenues dans les documents

• Faire une synthèse de documents suppose, dans un premier temps, de **maîtriser les notions et mécanismes** liés à ces documents. Pour notre sujet, il faut connaître les deux **dimensions contradictoires du salaire** :

• **Le salaire est un coût pour l'entreprise.** Il peut être utile de **modérer les salaires**, car plus ce coût est élevé et plus il est difficile de produire de façon rentable et de résister à la **concurrence**.

Le **coût salarial** est la somme de tous les coûts directement liés à l'emploi d'un salarié. Pour l'obtenir, il faut additionner le salaire et les cotisations sociales.

Mais le **coût unitaire du travail** pour l'entreprise ne dépend pas seulement du coût salarial. Il dépend aussi de l'efficacité de ce travail, mesurée par le temps nécessaire pour obtenir un euro de production (voir doc. 2).

• **Le salaire est le principal élément de la demande de biens.**

Une **hausse des salaires** peut entraîner une **baisse des bénéfices de l'entreprise**. Cependant, dans les périodes où les entreprises peinent à écouler leur production, cette hausse des salaires peut être **positive pour l'emploi** car :

– Les salaires sont **dépensés** par les ménages. La **hausse des salaires** accroît alors la **demande de biens et services**, donc la **production**, donc l'**emploi**.

– La hausse des salaires rend les **employeurs optimistes** ; leurs perspectives de ventes s'améliorent (**demande anticipée**), ce qui peut les pousser à **embaucher** donc à **améliorer l'emploi**.

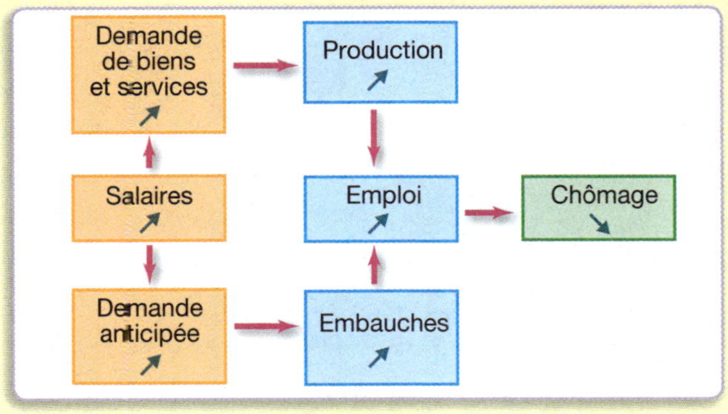

APPLICATION

Doc. 1 Coût salarial horaire dans l'industrie en 2012

En dollars	Coût salarial total	Assurances sociales	Salaire total
Suède	49,8	16,6	33,2
Allemagne	45,8	9,7	36,1
France	39,8	11,9	27,9
États-Unis	35,7	8,5	27,1
Japon	35,3	6,4	28,9
Italie	34,2	9,9	24,3
Royaume-Uni	31,2	4,8	26,4
Espagne	26,8	6,9	19,9
Corée du Sud	20,7	4,4	16,3
Pologne	8,2	1,0	7,2
Mexique	6,4	1,9	4,5
Philippines	2,1	0,2	1,9

Source : US Bureau of Labor Statistics.

Doc. 2 Du coût salarial au coût unitaire

	Heures de travail pour produire 100 $	Coût d'une heure de travail	Coût du travail pour produire 100 $
Suède	1,37 h	.... $	.... $
Allemagne	1,63 h	.... $	.... $
France	1,72 h	.... $	.... $
Corée du Sud	3,82 h	.... $	.... $
Mexique	7,87 h	.... $	.... $

Source : OCDE, 2012.

1 En quoi l'emploi peut-il être favorisé dans les zones où les salaires sont bas ?

....

....

....

2 Complétez le tableau (document 2). Qu'en concluez-vous ?

....

....

....

B Réaliser et rédiger la synthèse de documents

DÉMARCHE

• En vous appuyant sur le travail et les documents de la page précédente, vous pouvez construire une réponse d'ensemble à la question : **« Quel est le rôle du coût salarial dans le chômage ? »**

2. Rédiger l'introduction

• Vous rédigerez l'introduction en **trois temps** :

– Montrez l'importance, l'intérêt du sujet.
– Expliquez pourquoi la question posée n'admet pas de réponse évidente.
– Donnez les titres des deux parties du développement.

Conseil : Rédigez l'introduction après avoir construit le plan.

3. Rédiger le développement

• Étant donné le type de question posée, la meilleure solution pour construire une réponse est de présenter d'un côté les **arguments positifs** et de l'autre les **arguments négatifs**. Il est conseillé de mettre dans la **deuxième partie** les **arguments** qui vous semblent les plus **forts**, afin d'enchaîner sur la **conclusion**.

• Suivez les étapes suivantes :

– Au brouillon, **notez** les **arguments** ou les **exemples** qui vous viennent à l'esprit à la lecture du sujet.
– Complétez ce travail en vous reportant aux **informations** données page 75.
– **Classez vos arguments** : d'une part ceux en faveur d'une réponse positive, d'autre part ceux en faveur d'une réponse négative à la question posée.
– Distinguez ensuite les arguments que vous allez développer dans chaque partie.
– **Donnez un titre** à chacune des parties.
– **Utilisez et citez** les **documents** ou le **schéma** qui figurent à la page précédente. Dans ce cas, indiquez entre parenthèses le document dont vous tirez une idée ou un chiffre.

4. Rédiger la conclusion

• Vous devez, en quelques lignes, reprendre les **principales idées** et indiquer, avec nuance, ce que vous en retenez.

APPLICATION

3 Rédigez l'introduction.

....

....

....

....

....

....

....

....

....

....

....

....

....

....

4 Rédigez le développement de la première partie.

....

....

....

....

....

....

....

....

....

....

....

....

....

5 Rédigez le développement de la deuxième partie.

....

....

....

....

....

....

....

6 Rédigez la conclusion.

....

....

....

....

....

Le chômage : des coûts salariaux trop élevés ou une insuffisance de la demande ?

L'essentiel

1 L'évolution de l'emploi

- Le nombre d'emplois est une **notion floue**, car il existe de nombreuses situations à la limite entre l'emploi et le chômage ou entre l'**emploi** et l'inactivité. Ces situations souvent **précaires** se sont multipliées.

- Le volume de l'emploi dépend des **besoins des employeurs** et du **dynamisme de la population active**. Après une forte progression dans les années 1997-2007, l'**emploi** ou la **population active occupée**, stagne en France. Les emplois ont changé au cours du temps. On note en particulier une augmentation de la proportion de **salariés**, alors que les non salariés sont proportionnellement moins nombreux. **Le taux d'emploi des femmes** a également tendance à augmenter, même si ce phénomène semble aujourd'hui ralentir.

2 L'évolution du chômage

- Compte tenu de la hausse persistante de la **population active**, le **chômage** a tendance à augmenter. Le nombre de **chômeurs** est estimé entre 3 et plus de 5 millions selon les définitions retenues, ce qui représente au moins un actif sur neuf. Le nombre de chômeurs n'a jamais été aussi élevé qu'en 2013, même si le taux de chômage était plus fort dans les années 1990.

- Ce chômage est **durable** : la moitié des chômeurs le sont depuis plus d'un an. Il touche particulièrement les **personnes jeunes et peu qualifiées**. Les passages entre emplois courts et chômage sont fréquents.

3 Un coût salarial trop élevé à l'origine du chômage ?

- Les employeurs comparent ce qu'une embauche leur **coûte** et ce qu'elle peut leur **apporter**. Des **salaires** élevés incitent à embaucher moins. C'est une cause de chômage possible.

- D'autre part, l'économie française est intégrée dans un **marché européen** unifié et relié au reste du monde. Si le **coût salarial** est plus élevé en France que dans d'autres pays, les biens produits en France seront chers. Ils se vendront mal et les entreprises s'installeront ailleurs, ce qui est source de chômage.

4 Une demande insuffisante ?

- Cependant, les entreprises déterminent leurs **besoins en main-d'œuvre** en fonction de la **demande qu'ils anticipent** pour leurs produits. Elles n'embauchent pas si elles n'ont pas besoin de main-d'œuvre supplémentaire, même si les salaires sont bas.

- Mais la demande dépend des **dépenses des consommateurs.** Si les salaires augmentent, les entreprises peuvent espérer augmenter leurs ventes et décider d'embaucher.

- Les mouvements des **salaires** ont donc des effets **contradictoires** sur le chômage.

Mots clés

Chômage : situation des personnes (de 15 ans et plus), privées d'emploi et en recherchant un. Le **taux de chômage** rapporte la population active occupée à la population totale.

Coût salarial : coût direct de l'emploi d'un salarié, pour l'employeur. Il comprend le salaire, les cotisations sociales et les taxes éventuelles sur les salaires.

Emploi : exercice d'une activité professionnelle déclarée et rémunérée. Le **taux d'emploi** rapporte le nombre de personnes en emploi à la population âgée de 15 à 64 ans.

Population active : ensemble des personnes exerçant ou cherchant à exercer une activité rémunérée. Les chômeurs font partie de la population active. Le **taux d'activité** rapporte la population active à la population âgée de 15 à 64 ans.

Population active occupée : population active sans les chômeurs.

Salaire : rémunération du travail salarié, incluant les primes et avantages en nature. Le **salaire net** versé est calculé après retrait des cotisations et des contributions sociales. Le **salaire brut** inclut les contributions sociales et une partie des cotisations sociales.

Testez vous !

Exercices

Exercice 1 (... / 8 points)

En 2012, l'Union européenne (27 membres) présentait les données suivantes :

Population âgée de 15 à 64 ans	338 553 000
Population active	238 302 000
Emploi	213 042 000

Source : Eurostat, 2013.

1 Combien y a-t-il de chômeurs dans l'Union européenne ? *(2 points)*

....

....

....

2 Calculez et faites une phrase présentant le résultat du :

- taux d'activité *(2 points)* : ....

....

- taux d'emploi *(2 points)* : ....

....

- taux de chômage *(2 points)* : ....

....

Exercice 2 (... / 6 points)

Une baisse des salaires a trois effets économiques qui peuvent jouer sur l'emploi. Pour chacun d'entre eux, précisez si cet effet est *positif* ou *négatif* sur l'emploi et indiquez s'il joue sur la *demande de biens* ou *l'offre de biens*. *(2 points par bonne réponse)*

- Augmentation des profits : .... → joue sur : ....
- Diminution du coût du travail : .... → joue sur : ....
- Diminution des revenus des salariés : .... → joue sur : ....

Exercice 3 (... / 6 points)

Observez le graphique puis cochez la ou les bonne(s) réponse(s) parmi les propositions suivantes.

Ancienneté moyenne en chômage

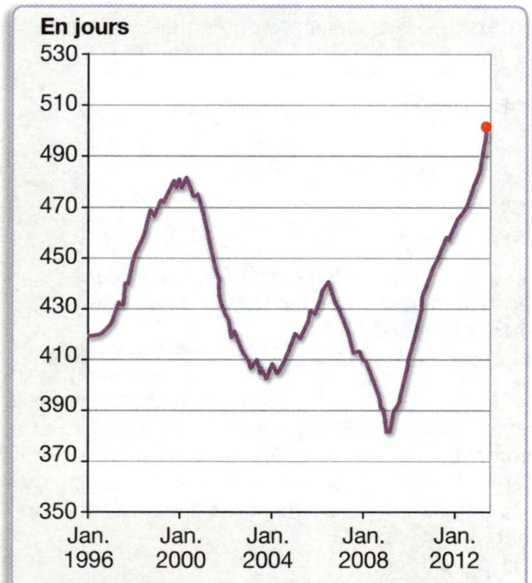

Source : *Dares*, 2013

1 Quelle est la signification du point rouge ? *(2 points)*

a. ☐ On compte 500 000 chômeurs en 2012.
b. ☐ Le chômage augmente depuis 500 jours.
c. ☐ Chaque chômeur est inscrit en moyenne depuis 500 jours.

2 Pourquoi observe-t-on une baisse de l'ancienneté en chômage en 2008-2009 ? *(2 points)*

a. ☐ Parce que le chômage diminue.
b. ☐ Parce qu'il y a beaucoup de nouveaux chômeurs du fait de la crise.
c. ☐ Parce que les anciens chômeurs ont plus de mal à retrouver du travail.

3 Parmi les facteurs suivants, recherchez lesquels conduisent à une hausse du chômage ? *(2 points)*

a. ☐ L'augmentation des licenciements.
b. ☐ L'augmentation des reprises d'emploi.
c. ☐ Le recul des départs en retraite.

Qu'est-ce que le processus de socialisation ?

Mots clés Agents de socialisation • Normes • Socialisation • Valeurs

A Comment devient-on un être social ?

Doc. 1 La socialisation fabrique des êtres sociaux

En sociologie, la notion de socialisation désigne le mouvement par lequel le monde social – telle ou telle partie de celui-ci – façonne – partiellement ou globalement, ponctuellement ou systématiquement, de manière diffuse ou de façon explicite et consciemment organisée – les individus vivant en son sein. Si l'on part des individus, on peut dire que la socialisation est le processus par lequel un être biologique est transformé, sous l'effet des multiples interactions qu'il entretient dès sa naissance avec d'autres individus et avec tout un monde matériel issu de l'histoire, en un être social adapté à un univers socio-historique déterminé.

Bernard Lahire, *Dans les plis singuliers du social. Individus, institutions, socialisations*, La Découverte, Coll. « Laboratoire des sciences sociales », 2013.

Doc. 2 Genie, « l'enfant placard »

Le 4 novembre 1970, Genie [...] rencontre les services sociaux de Temple City en Californie. Elle a treize ans mais elle a la taille d'une fillette de six ou sept ans. Depuis l'âge d'un an et demi, elle vit enfermée dans une chambre, souvent attachée à une chaise ou à son lit. L'essentiel de ses contacts avec le monde extérieur se résume à son père qui la brutalise à chaque fois qu'elle fait du bruit.

À son arrivée à l'hôpital pour enfants de Los Angeles, Genie ne bredouille que quelques mots, elle ne sait pas mâcher, elle crache et griffe, elle est incontinente. Une équipe de médecins, de psychologues et de linguistes la nourrit, la soigne et tente de l'éduquer. Après quatre mois, elle apprend une centaine de mots. Après un an, elle réussit parfois à en associer trois. Mais ses progrès n'iront pas plus loin en grammaire et en construction de phrases. Sa maîtrise du langage reste figée au stade d'une enfant de deux ans. Genie a aujourd'hui cinquante-huit ans et vit toujours dans un établissement spécialisé.

D'après le documentaire *Secret of the Wild Child*, 1994.

Genie après son admission à l'hôpital des enfants.

Questions

1 Doc. 1. **ILLUSTRER.** Quels apprentissages la famille peut-elle transmettre aux jeunes enfants et comment ?

....

....

....

2 Doc. 2. **LIRE.** Quels comportements empêchent Genie de vivre en société de manière autonome ?

....

....

....

3 Doc. 2. **JUSTIFIER.** Que suggèrent les difficultés de langage de Genie sur le rôle de la socialisation au cours de la petite enfance ?

....

....

....

4 Doc. 1 et 2. **ILLUSTRER.** Hormis la famille, quels groupes d'individus ou institutions mettent en relation les enfants et le reste de la société, et ont manqué à la socialisation de Genie ?

....

....

....

5 Doc. 1 et 2. **DÉDUIRE.** Quel est l'objectif du processus de socialisation ?

....

....

....

B La transmission de règles sociales

Doc. 3 Différencier les règles sociales

Les règles sociales regroupent l'ensemble des prescriptions et des interdits réglant la vie en société. Les **valeurs** (argent, honneur, effort, fraternité) sont des choses, des manières d'être ou des qualités considérées comme estimables et désirables par une société à un moment donné. Elles s'incarnent dans les **normes sociales**. Celles-ci sont des règles de conduite allant de soi ou légales et formalisées (règles de politesse, code de la route) caractérisant les pratiques des membres d'une même société.

Le **statut** définit la position occupée par un individu dans un groupe social donné. Chaque statut (médecin et patient, parents et enfants) est relié à un ensemble de comportements attendus qui définissent les **rôles sociaux** correspondants. Enfin la transgression des normes sociales entraîne habituellement des sanctions négatives écrites ou simplement orales.

D'après le *Dictionnaire d'économie et de sciences sociales*, Nathan, 2014.

Doc. 4 Les framboises de la tante Thérèse

Ne mentons pas pour cacher nos fautes.

Quand ma grand-tante me permettait d'aller dans son jardin, elle ne manquait pas de me recommander, en grossissant sa voix : « Surtout ne touche pas aux framboises, je les ai comptées ! » Au bout de cinq minutes de promenade, je ne résistais plus à la tentation, et, pour m'encourager, je répétais en lorgnant les framboises : « C'est impossible que la tante Thérèse ait pu les compter toutes. » J'en mangeais quatre ou cinq, puis, après avoir bien joué je m'en revenais d'un air innocent vers la chambre de la grand-tante, sans me douter que le parfum du fruit défendu était resté sur mes lèvres.

– « N'as-tu touché à rien ? »

Et comme je jurais que non :

– « Approche, ... souffle. »

Je m'exécutais. Alors elle levait le doigt, et roulant de gros yeux :

– « Tu as mangé des framboises ! »

Je me voyais honteusement forcé de confesser ma faute [...].

A. Mironneau, extrait d'un livre de lectures, Cours Élémentaire 2e degré, *Choix de lectures*, Armand Colin, 1908-1927.

Questions

6 Doc. 3 et 4. **ILLUSTRER.** Quels sont les rôles sociaux du petit garçon et de la grand-tante ?

....

....

7 Doc. 3 et 4. **EXPLIQUER.** En quoi le comportement du petit garçon s'écarte-t-il de la norme sociale ?

....

....

8 Doc. 3 et 4. **LIRE.** Soulignez en rouge l'extrait qui confirme que le petit garçon regrette son comportement, et en bleu le passage qui montre que la grand-tante a respecté son rôle social.

9 Doc. 4. **DÉDUIRE.** À partir des trois défauts associés au comportement du petit garçon, identifiez les valeurs et normes sociales suggérées par ce texte.

Défauts du petit garçon	Valeurs	Normes sociales
• Mensonge		
• Désobéissance		
• Gourmandise		

Pour conclure

Complétez le schéma à l'aide des notions suivantes :

- *école*
- *famille*
- *individus*
- *normes sociales*
- *rôles sociaux*
- *institutions*

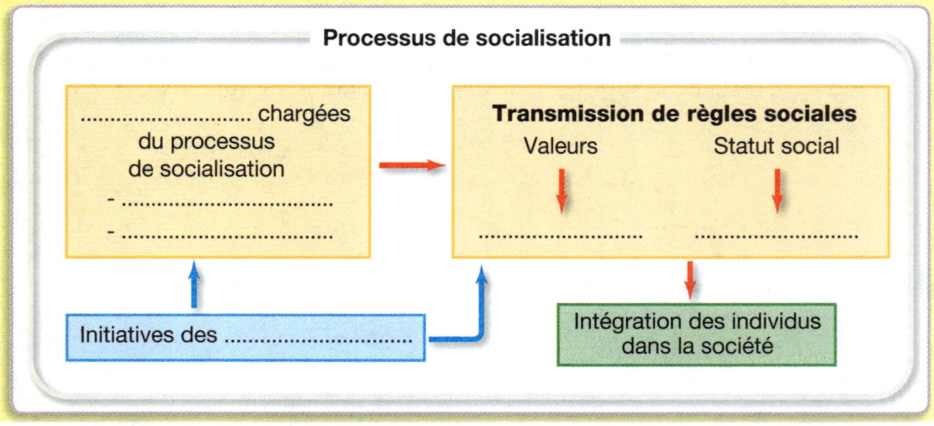

FICHE D'ACTIVITÉS

La socialisation différenciée selon les individus

23

Mots clés Socialisation différenciée • Stéréotypes

A La socialisation différenciée des filles et des garçons

Doc. 1 La socialisation par les jouets est différente selon le sexe de l'enfant

Lorsque l'on donne une poupée à une petite fille, on ne se contente pas de la lui offrir simplement et de voir ce qu'elle va en faire, on lui montre aussi comment la tenir dans ses bras, comment la bercer. On n'apprend pas à un petit garçon du même âge […] « comment les parents s'occupent des enfants » car bercer les enfants ne fait pas partie du patrimoine gestuel des manifestations affectives chez les garçons. […] Les adultes, oubliant que ce comportement n'est que le résultat de leurs instructions, crient au « miracle biologique » si une petite fille a déjà l'instinct maternel, ce qui les remplit de joie car le phénomène est perçu comme le signe tranquillisant de la normalité. […] Même lorsqu'il s'agit de jouets « neutres », […] l'intention qu'ils soient davantage utilisés par des garçons que par des filles, et vice versa, apparaît souvent avec évidence dans les illustrations qui ornent les boîtes et les emballages.

E. Gianini Belotti, *Du côté des petites filles*, Éditions des femmes, Antoinette Fouque, 2009, première édition en 1974.

Doc. 2 Jouets pour filles et garçons

Doc. 3 Part des femmes dans l'emploi selon le métier

En %	1983	2011
Aides à domicile, assistants maternels	99,5	97,7
Infirmiers	87,9	87,7
Secrétaires	95,7	97,6
Conducteurs de véhicules	3,8	10,5
Ouvriers qualifiés du bâtiment	0,4	2,1
Armée, police, caserne de pompiers	4,6	14,8
Tous métiers confondus	**41,7**	**47,5**

Dares, « La répartition des hommes et des femmes par métiers », décembre 2013.

Questions

1 Doc. 1. **DISTINGUER.** Quels sont les comportements des parents lorsqu'ils offrent une poupée à leur fille ?

……………………………………………………………………………………………………

……………………………………………………………………………………………………

……………………………………………………………………………………………………

2 Doc. 2. **LIRE ET EXPLIQUER.** Quels sont les codes couleurs utilisés pour différencier les destinataires supposés des ces deux jouets ? À quoi correspondent ces stéréotypes ?

……………………………………………………………………………………………………

……………………………………………………………………………………………………

……………………………………………………………………………………………………

3 Doc. 3. **LIRE ET SYNTHÉTISER.** Quelles informations apportent les chiffres en rouge ?

……………………………………………………………………………………………………

……………………………………………………………………………………………………

4 Doc. 1 à 3. **SYNTHÉTISER.** Comment le processus de socialisation permet-il d'expliquer les données du doc. 3 ?

……………………………………………………………………………………………………

……………………………………………………………………………………………………

……………………………………………………………………………………………………

……………………………………………………………………………………………………

……………………………………………………………………………………………………

B La socialisation différenciée selon le milieu social

Doc. 4 La place de la famille dans la socialisation

On sait que les différents moments de socialisation dans la vie d'un individu ne sont pas équivalents. La sociologie s'est efforcée ainsi de différencier les temps et les cadres de la socialisation en séparant notamment la période de socialisation dite primaire essentiellement familiale de toutes celles qui suivent et que l'on nomme « secondaires ». […] Le fait que la socialisation familiale soit à la fois précoce, intense, durable et, pendant un temps plus long, sans concurrence, explique le poids de l'origine sociale (même lorsqu'elle est grossièrement appréhendée à partir de la catégorie socioprofessionnelle des parents) dans un très grand nombre de comportements ou de préférences étudiés (scolaires, professionnels, culturels, sportifs, alimentaires, esthétiques). […] La famille ne reste jamais inerte par rapport aux autres cadres socialisateurs potentiels : elle peut être plus ou moins contrôleuse en matière de « fréquentations » et de sorties (contrôlant la composition du groupe des pairs fréquentables et limitant le temps passé hors de tout contrôle familial), exercer un rôle de filtre par rapport aux médias et à diverses instances culturelles extrafamiliales […].

B. Lahire, *Dans les plis singuliers du social. Individus, institutions, socialisations*, La Découverte, Coll. « Laboratoire des sciences sociales », 2013.

Doc. 5 La réussite au bac et l'origine sociale

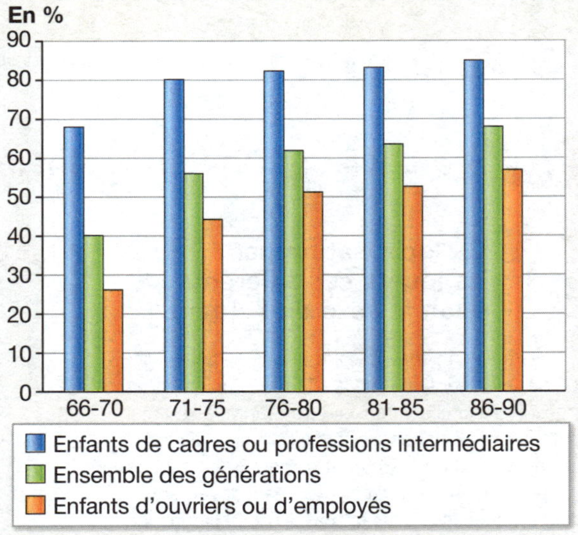

Lecture : parmi les jeunes nés de 1986 à 1990, 85 % de ceux dont le père est cadre ou de profession intermédiaire sont bacheliers, contre 57 % des jeunes de père ouvrier ou employé.

Questions

Point notion

Le milieu social

Le milieu social désigne ici l'origine sociale de la famille définie à partir de la catégorie socioprofessionnelle des parents ou du chef de famille.

5 Doc. 4. **JUSTIFIER.** Pourquoi la famille a-t-elle un rôle prépondérant dans la transmission de valeurs ?

....

....

....

....

....

6 Doc. 5. **COMPARER.** Comment a évolué l'écart entre la part des enfants de cadres et professions intermédiaires bacheliers et celle des enfants d'ouvriers et employés entre les générations 1966-1970 et 1986-1990 ?

....

....

....

....

....

7 Doc. 4 et 5. **JUSTIFIER.** L'école empêche-t-elle toute inégalité liée au milieu social ? (voir chapitre 7 pp. 66-67)

....

....

....

....

Pour conclure

Les affirmations suivantes sont-elles vraies ou fausses ? Cochez la bonne réponse.

	Vrai	Faux
1. Les jouets ne sont plus un instrument de socialisation différenciée selon les filles et les garçons.	☐	☐
2. La socialisation différenciée selon le sexe explique en partie la surreprésentation des femmes dans les métiers liés aux soins à la personne.	☐	☐
3. La famille joue un rôle secondaire dans le processus de socialisation.	☐	☐
4. Les inégalités des chances à l'école, selon le milieu social, ont tendance à diminuer.	☐	☐
5. La socialisation différenciée selon le milieu social explique en partie les inégalités des chances à l'école.	☐	☐

Analyser un conte

Cendrillon à travers les âges

Les SES *autrement*

Mot clé Socialisation différenciée

A Cendrillon dans le conte de Perrault

DÉMARCHE

• Il existe 450 versions de *Cendrillon*. La comparaison entre la première version de ce conte écrite par Charles Perrault en 1697 et la pièce de théâtre écrite par Joël Pommerat en 2012 permet d'identifier l'**évolution des attributs sociaux attachés aux filles et aux garçons** et d'illustrer l'idée selon laquelle le **conte** a bien une **fonction de socialisation des jeunes enfants**.

1. Identifier les valeurs associées à Cendrillon

• Il s'agit dans une première étape de lire les extraits du conte de Perrault et d'y reconnaître la description de Cendrillon qui est donnée ci-dessous par la sociologue Elena Gianini Belotti :
« Cendrillon est le prototype des vertus domestiques, de l'humilité, de la patience, de la servilité. Elle ne bouge pas le petit doigt pour sortir d'une situation intolérable, elle ravale les humiliations et les vexations. Les personnages féminins des légendes appartiennent à deux catégories fondamentales : les bonnes et incapables, et les malveillantes. »

2. Différencier les modèles masculin et féminin

• En comparant les comportements de Cendrillon et du fils du roi dans la version de *Cendrillon* de Perrault, vous pourrez illustrer l'idée selon laquelle **les rôles sociaux sont différents selon le sexe de l'enfant**.

APPLICATION

Doc. 1 La Cendrillon de Charles Perrault

Illustration de C. Clerice, 1888.

La rencontre entre la belle-mère et Cendrillon

Le mari avait, de son côté, une jeune fille, mais d'une douceur et d'une bonté sans exemple : elle tenait cela de sa mère, qui était la meilleure personne du monde. Les noces ne furent pas plutôt faites, que la belle-mère fit éclater sa mauvaise humeur [...]. Elle chargea sa belle-fille des plus viles occupations de la maison : c'était elle qui nettoyait la vaisselle et les montées, qui frottait la chambre de madame, et celles de mesdemoiselles ses filles [...].

La rencontre avec la fée avant le premier bal

Sa marraine, qui la vit toute en pleurs, lui demanda ce qu'elle avait : « Je voudrais bien... je voudrais bien... » Elle pleurait si fort qu'elle ne put achever. Sa marraine, qui était fée, lui dit : « Tu voudrais bien aller au bal, n'est-ce pas ? – Hélas oui, dit Cendrillon en soupirant. – Eh bien, seras-tu bonne fille ? dit sa marraine, je t'y ferai aller. »

La scène de la pantoufle

La jeune demoiselle ne s'ennuyait point, et oublia ce que sa marraine lui avait recommandé ; de sorte qu'elle entendit sonner le premier coup de minuit, lorsqu'elle ne croyait pas qu'il fût encore onze heures : elle se leva et s'enfuit [...]. Le prince la suivit, mais il ne put l'attraper. Elle laissa tomber une de ses pantoufles de verre, que le prince ramassa.

L'identification de Cendrillon par le Roi

Cendrillon, qui reconnut sa pantoufle, dit en riant : « Que je voie si elle ne me serait pas bonne ! » Ses sœurs se mirent à rire et à se moquer d'elle. [...] L'étonnement des deux sœurs fut grand, mais plus grand encore quand Cendrillon tira de sa poche l'autre petite pantoufle qu'elle mit à son pied. Là-dessus arriva la marraine, qui ayant donné un coup de sa baguette sur les habits de Cendrillon, les fit devenir encore plus magnifiques que tous les autres.

Charles Perrault, *Contes de ma mère l'Oye*, 1697.

1 Soulignez dans l'extrait de C. Perrault les passages qui confirment les traits de caractère utilisés par la sociologue Elena Gianini Belotti pour décrire le personnage de Cendrillon (voir « Démarche »).

2 Complétez le tableau ci-dessous à partir du document 1.

Statut social	Rôles sociaux	Valeurs
Cendrillon		
Le Prince		

3 En quoi cette version de *Cendrillon* confirme-t-elle la fonction de socialisation des contes pour enfants ?

....

....

....

B Cendrillon dans la pièce de théâtre de Joël Pommerat

DÉMARCHE

3. Repérer les transformations des personnages

• Il s'agit ici de retrouver dans les dialogues ou les symboles du conte de Joël Pommerat la **transformation des caractères** et des **rôles sociaux** des personnages féminins et masculins de ce conte.

4. Faire la synthèse

• En identifiant la transformation des modèles féminins et masculins sous-entendue dans la réinterprétation de *Cendrillon* par Joël Pommerat, vous chercherez à illustrer l'idée selon laquelle le **conte** a bien pour fonction de **confirmer les modèles déjà intériorisés par les enfants**.

Illustration de Roxane Lumeret, 2012.

APPLICATION

Doc. 2 La Cendrillon de Joël Pommerat

***La répartition des tâches ménagères** (Acte I, scène 10)*

La belle-mère (à ses filles). Alors voilà, tout d'abord, en ce qui vous concerne, j'ai pensé que vous deux vous pourriez à partir de maintenant aider la femme de ménage à ranger votre linge propre dans les tiroirs de vos armoires. [...]

La belle-mère (à la très jeune fille). Et toi Sandra, j'ai pensé que tu pourrais aider la femme de ménage à changer les poubelles des différents sanitaires [...].

La très jeune fille. Changer les poubelles ? Oui je suis d'accord ! Ah oui, c'est très bien ça.

***La rencontre avec la fée avant le premier bal** (Acte II scène 4)*

Départ à la soirée du Roi. La très jeune fille est allongée sur son lit, dans sa chambre. [...]

La fée. C'est toi qui as pas voulu y aller ou c'est eux ?

La très jeune fille. C'est moi, j'ai pas la tête à ça, pas du tout.

La fée. Ah bon ? Et tu gardes la maison ?

La très jeune fille. Ben ouais. [...]

La fée. En tout cas, moi j'adorerais pouvoir aller pour la première fois dans une soirée pareille. [...]

***La transmission de la chaussure** (Acte II, scène 12)*

La très jeune fille. [...] Il est tard mais on pourra se revoir si tu veux. [...]

Le très jeune Prince. Oui, j'aimerais bien te donner quelque chose pour te remercier mais je sais pas quoi. [...] Je peux peut-être te donner une de mes chaussures, tu m'as dit qu'elles te plaisaient l'autre fois. [...]

La très jeune fille. [...] Bon t'as qu'à me donner une de tes chaussures en souvenir.

***L'identification de Cendrillon par le Roi** (Acte II, scène 13)*

La très jeune fille (au Roi). Excusez-moi Monseigneur, je crois que c'est moi qui ai parlé avec votre fils hier soir, on s'est pas donné nos coordonnées c'est vrai, on y a pas pensé.

Le Roi. Ah bon c'est vous ?

Sœur la grande. Mais elle débloque ou quoi ?! [...]

Le Roi (aux deux sœurs). Vous savez, c'est très simple de vérifier ses propos. Mon fils m'a dit qu'il avait offert en souvenir à cette jeune personne une de ses chaussures.

J. Pommerat, *Cendrillon*, pièce de théâtre, Actes Sud Papiers, 2012.

4 Quels sont les traits de caractère de Sandra (Cendrillon) dans cette nouvelle version ? Quel est le seul point commun entre son personnage et la description faite par la sociologue E. G. Belotti (voir « Démarche » p. 83) ?

....

....

....

5 Que devient la pantoufle dans cette version de *Cendrillon* ? Que sous-entend cette transformation ?

....

....

....

....

6 Montrez que la version moderne de *Cendrillon* inverse les rôles sociaux traditionnels :

• entre la fée (la marraine) et la très jeune fille : ....

....

• entre la très jeune fille et le très jeune Prince : ....

....

Comment devenons-nous des acteurs sociaux ?

L'essentiel

1 Qu'est-ce que le processus de socialisation ?

- Le processus de **socialisation** transforme des êtres biologiques en **êtres sociaux**. L'enfant serait ainsi une page blanche sur laquelle la société inscrit le langage, les manières de manger, de vivre et de penser, tous les **comportements attendus** par le **groupe social** dans lequel cet enfant grandit. Le processus de socialisation désigne ce processus d'**apprentissage** des **normes**, des **valeurs**, des **rôles sociaux** spécifiques à une société donnée, à un moment donné.

- Un enfant qui grandit sans processus d'apprentissage, à l'écart de toute interaction avec d'autres êtres humains, sa famille, ses enseignants, ses amis ou avec les livres, la télévision, les médias, est un enfant handicapé, incapable de comprendre les autres et même de rattraper le retard accumulé dans l'apprentissage du langage. La socialisation dès le plus jeune âge permet l'**intégration de l'individu dans la société :** c'est la **socialisation primaire**. La **socialisation secondaire** a lieu tout au long de la vie.

- La **transmission des valeurs ou des rôles sociaux** est réalisée dès la petite enfance de manière explicite ou implicite par des **agents de socialisation** au centre desquels se trouvent la famille et l'école.

2 La socialisation différenciée des filles et des garçons

- Les comportements des filles et des garçons dans une cour de récréation, les métiers traditionnellement associés aux femmes et aux hommes ou la répartition des rôles sociaux au sein d'une famille entre les mères et les pères, sont le résultat d'une **socialisation différenciée** et forment des **stéréotypes**.

- Même si les règles sociales évoluent, même si les stéréotypes s'atténuent, la persistance de **pratiques éducatives différentes entre filles et garçons** se lit encore aujourd'hui dans les **contes** pour enfants ou le comportement des familles lorsqu'elles offrent des **jouets** à leurs enfants.

3 La socialisation différenciée selon le milieu social

- Le **processus de socialisation** dépend aussi et encore du **milieu social,** car la **famille** joue toujours un rôle important par rapport aux autres agents de socialisation : son influence est en effet précoce, intense et durable.

- Aujourd'hui, la persistance d'une socialisation différenciée selon le milieu social explique en partie le maintien des **écarts de réussite scolaire** selon la catégorie socioprofessionnelle. Mais la réduction de cet écart d'une génération à l'autre confirme le **rôle accru de l'école dans le processus de socialisation**. Elle dispense le même enseignement à une part de plus en plus élevée d'enfants de tous les milieux sociaux.

Mots clés

Agents de socialisation : groupes d'individus et institutions tels les amis, la famille, l'école, l'entreprise, les médias chargés implicitement ou explicitement de la transmission des règles sociales.

Normes : règles de conduite orales ou écrites caractérisant les pratiques des membres d'une société ou d'un groupe à un moment donné. Elles traduisent les valeurs de la société.

Socialisation : processus au cours duquel les individus apprennent les règles sociales (valeurs, normes, statut, rôle social) spécifiques à la société dans laquelle ils vivent. Ce processus transforme les individus en êtres sociaux. La **socialisation primaire** s'effectue pendant l'enfance et la **socialisation secondaire**, tout au long de la vie.

Socialisation différenciée : elle signifie que les pratiques éducatives sont différentes pour les filles ou les garçons, et selon l'origine sociale de la famille.

Stéréotype : opinion toute faite, cliché, simplifiant la vérité à l'extrême.

Valeurs : principes, idéaux, qualités considérés comme estimables et désirables par une société à un moment donné. Les valeurs orientent les comportements des individus.

Testez vous !

Exercices

Exercice 1

(... / 10 points)

Associez chacune des propositions à l'une des notions suivantes. *(1 point par bonne réponse)*

1. Les livres de lecture en classes primaires transmettent des règles sociales aux élèves.
2. Dans les transports en commun, les personnes plus jeunes cèdent leur place aux personnes plus âgées.
3. La fée est la marraine de Cendrillon.
4. En juin 2013, 44 % des personnes interrogées considèrent que le respect entre les citoyens est la condition la plus indispensable à la « cohésion sociale ».
5. Le capitaine d'une équipe de handball sait remotiver ses coéquipiers.
6. La machine à café dans une entreprise est un lieu d'échanges d'idées entre collègues.
7. Selon une enquête réalisée par le ministère de la Culture et de la Communication entre 2002 et 2008, 87 % des familles de cadres déclarent avoir visité au moins une fois un musée avec leurs enfants contre 45 % des familles d'ouvriers.
8. Les filles ne jouent pas au football dans les cours de récréation.
9. Les parents offrent des jeux de construction aux garçons et des poupées aux filles.
10. La pratique d'une activité artistique amateur pendant l'enfance détermine la pratique d'une activité artistique une fois adulte.

a. Valeurs
b. Statut social
c. Rôle social
d. Normes sociales
e. Agent de socialisation primaire
f. Socialisation primaire
g. Socialisation secondaire
h. Socialisation différenciée selon le sexe
i. Socialisation différenciée selon le milieu social
j. Rôle social féminin

Exercice 2

(... / 10 points)

Répartition du temps moyen par jour[1] consacré à...	Hommes	Femmes
Temps physiologique (sommeil, soins, repas)	11h36 min	11h53 min
Temps professionnel et de formation	3h55 min	2h39 min
Temps domestique (ménage, soins aux enfants et adultes, bricolage, jardinage)	2h24 min	3h52 min
Temps de loisirs	4h24 min	3h46 min
Autres	6h55 min	6h33 min

1. Il s'agit de moyennes par jour y compris samedi, dimanche et vacances. Champ : personnes de 15 ans et plus en France métropolitaine.

Insee, enquête « Emploi du temps » 2009-2010.

1 À quelle activité est associé le rôle social traditionnel féminin ? *(5 points)*

....

....

....

2 À quelle activité est associé le rôle social traditionnel masculin ? *(5 points)*

....

....

....

....

Des pratiques culturelles différenciées

Mots clés Culture • Pratiques culturelles

A Que sont les pratiques culturelles ?

Doc. 1 Fréquentation des musées et du théâtre

Au moins une fois lors des 12 derniers mois	Musée			Théâtre		
	1973	1988	2008	1973	1988	2008
Cadres et professions intellectuelles supérieures	56	61	62	39	40	44
Ouvriers non qualifiés	21	24	14	5	7	8
Communes rurales	18	24	22	3	7	14
Banlieues parisiennes	37	43	40	19	24	28
Paris *intra-muros*	47	59	65	43	43	56
15-24 ans	36	35	36	17	17	28
25-39 ans	34	33	31	15	15	17
Plus de 60 ans	16	22	24	9	9	16
Hommes	29	31	30	12	14	18
Femmes	26	29	29	12	13	19
ENSEMBLE	**27**	**30**	**30**	**12**	**14**	**19**

Source : « Les pratiques culturelles des Français », ministère de la Culture, 2009 (dernière étude connue).

Questions

1 Doc. 1. **LIRE.** Comment ont évolué les pratiques culturelles des ouvriers ? Des cadres et professions intellectuelles supérieures ?

....

....

....

....

....

2 Doc. 1. **ANALYSER.** La fréquentation de lieux culturels comme le musée ou le théâtre est-elle socialement homogène ? Ces deux pratiques suivent-elles la même évolution d'ensemble ?

....

....

....

....

Doc. 2 Évolution des pratiques culturelles

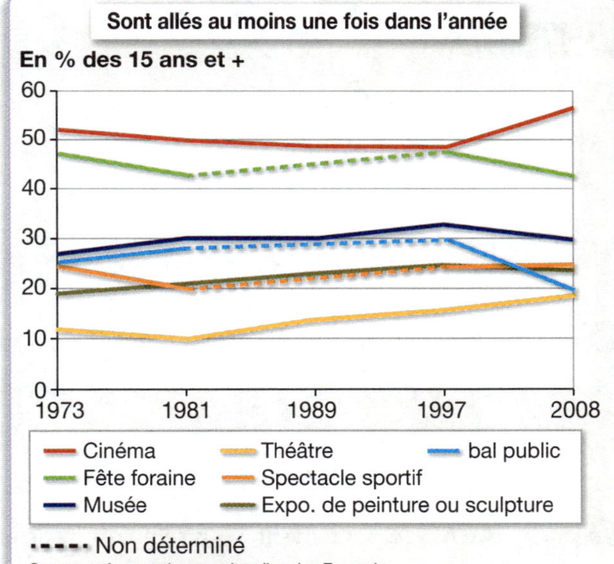

Source : « Les pratiques culturelles des Français », ministère de la Culture, 2009.

....

3 Doc. 2. **LIRE.** Quelles sont les pratiques culturelles les plus répandues ? Justifiez votre réponse.

....

....

4 Doc. 2. **LIRE.** Quelle pratique culturelle a le plus augmenté ? Laquelle a le plus baissé ?

....

....

B Le numérique au cœur des pratiques culturelles

Doc. 3 Internet, une pratique en progression

En 2012, trois personnes sur quatre résidant en France métropolitaine ont utilisé Internet au cours des trois derniers mois, contre seulement 56 % en 2007. La fracture numérique se réduit entre catégories sociales : Internet touche la quasi-totalité des cadres depuis 2007 ; quatre ouvriers sur cinq l'utilisent en 2012, contre un sur deux cinq ans auparavant.

Des différences de pratique selon l'âge demeurent, mais l'usage de l'Internet se banalise. De nombreuses fonctionnalités disponibles sur la toile sont de plus en plus utilisées. Achats mais aussi ventes en ligne sont ainsi de plus en plus sollicités ces dernières années.

Vincent Gombault, « L'Internet de plus en plus prisé, l'internaute de plus en plus mobile », Insee, 2013.

Doc. 4 Activités sur Internet des 18-29 ans en 2010

En %	Ceux qui passent moins de 15 heures par semaine sur Internet	Ceux qui passent plus de 15 heures par semaine sur Internet
Regarder des films et des séries en *streaming*[1]	36	59
Effectuer des achats	60	80
Participer à des sites de réseaux sociaux	70	87
Télécharger des films	27	45
Écouter de la musique en *streaming*[1]	49	66
Effectuer du travail à domicile pour votre activité ou vos études	33	48
Jouer à des jeux en réseau	28	41
Regarder la télévision	24	36
Effectuer des démarches administratives ou fiscales	60	72
Télécharger de la musique	41	52

1. Écoute ou visionnage en ligne sans avoir besoin de télécharger les fichiers.

Source : Régis Bigot et Patricia Croutte, Crédoc, octobre 2012.

Doc. 5 Jour de rentrée scolaire

Dessin de Albert, 2007.

Questions

5 Doc. 3. **LIRE ET ANALYSER.** Internet se démocratise-t-il ? Des différences demeurent-elles ?

....

....

....

....

6 Doc. 4. **LIRE.** Quelles sont les activités des 18-29 ans les plus importantes sur Internet ?

....

....

....

7 Doc. 5. **ANALYSER.** Ce dessin vous semble-t-il correspondre à la réalité ?

....

....

Pour conclure

Les affirmations suivantes sont-elles vraies ou fausses ? Cochez la bonne réponse.

	Vrai	Faux
1. La fréquentation du musée est une pratique culturelle.	☐	☐
2. Les ouvriers vont davantage au musée que les cadres et professions intellectuelles supérieures.	☐	☐
3. Les catégories les plus favorisées cumulent les pratiques culturelles.	☐	☐
4. Internet se démocratise.	☐	☐
5. Les types d'usage d'Internet diffèrent selon les catégories sociales.	☐	☐

Pourquoi des pratiques culturelles différentes ?

Mots clés Culture • Pratiques culturelles

A Famille, école et pratiques culturelles

Doc. 1 Famille et spectacle de rue

Des familles au spectacle de Guignol, à Lyon.

Doc. 2 Les pratiques culturelles : de l'enfance à l'âge adulte

Seules 5 % des personnes de parents non diplômés fréquentaient les musées étant enfants, contre 61 % de celles dont les parents étaient diplômés du supérieur […].

La culture naît souvent dès l'enfance. 41 % des personnes qui ne pratiquaient aucune activité culturelle pendant l'enfance se tiennent entièrement en retrait des loisirs culturels à l'âge adulte, contre seulement 20 % pour celles qui en pratiquaient au moins une.

Les activités culturelles enfantines, même si elles ne parviennent pas à annuler totalement les écarts liés au milieu social d'origine, les atténuent en facilitant l'acquisition d'un capital culturel. Elles ont un effet voisin du diplôme des parents et supérieur à la position sociale des parents.

Chloé Tavan, « Les pratiques culturelles : le rôle des habitudes prises dans l'enfance », Insee, 2003 (dernière étude connue).

Doc. 3 Pratiques culturelles et résultats scolaires

Les différences de capital culturel – façons de parler et de se tenir, fréquentation du musée, lecture, possession de livres, etc. – sont essentielles pour expliquer les différences de résultats scolaires. Cette culture extrascolaire est valorisée par l'école et à l'inverse on va reprocher à certains élèves d'être « trop scolaires », ce qui veut dire qu'implicitement la transmission scolaire ne suffit pas à l'école !

D'après Pierre Bourdieu, *Ce que parler veut dire : l'économie des échanges linguistiques*, Fayard, 1982.

Questions

1 Doc. 1. **ANALYSER.** Quel est le public de ce spectacle ?

2 Docs. 1 et 2. **ANALYSER.** Pourquoi les pratiques culturelles de l'enfance sont-elles si importantes ? Quelles influences ont-elles sur l'avenir ?

3 Doc. 3. **DÉFINIR.** Qu'est-ce que le capital culturel ?

4 Doc. 3. **EXPLIQUER.** La culture extrascolaire a-t-elle un rôle à l'école ?

B Réseaux sociaux et pratiques culturelles

Doc. 4 Associations et niveau de diplôme

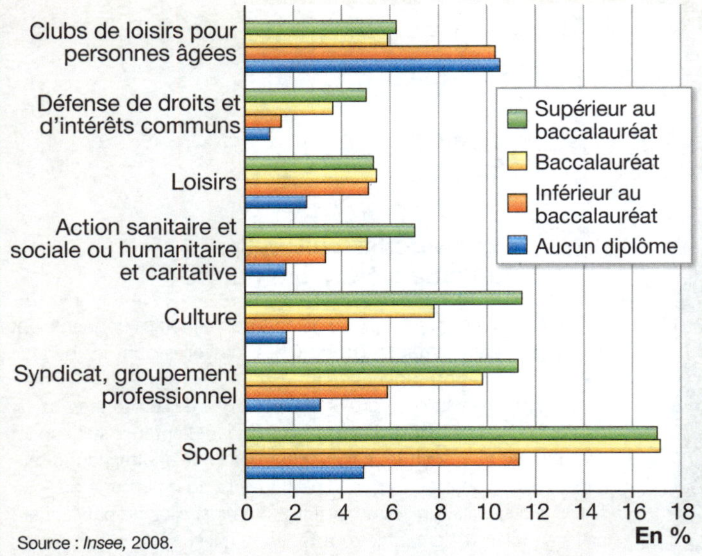

Source : *Insee*, 2008.

Doc. 5 Cultures...

Dessin de Lasserpe, 2006.

Questions

5 Doc. 4. **LIRE.** À quel type de structures associatives les adhésions sont-elles les plus nombreuses ?

....

....

6 Doc. 4. **ANALYSER.** Quel lien peut-on établir entre la participation à une association et le niveau de diplôme ?

....

....

....

....

....

7 Doc. 5. **EXPLIQUER.** Que symbolisent les deux personnages de ce dessin ?

....

....

....

....

....

....

Pour conclure

Complétez le texte ci-dessous à l'aide des mots suivants :
inégalités • populaires • savantes • capital culturel • scolaires • culturelles • musée • football

Les familles, notamment celles à .... élevé, essaient de familiariser leurs enfants avec des pratiques .... tel le ...., alors que d'autres familles fréquentent plutôt des spectacles .... tel le cinéma grand public, les spectacles sportifs comme le .... L'école essaie d'influencer les pratiques .... en organisant des sorties culturelles, tentant ainsi de réduire les .... de capital culturel entre les différents groupes sociaux. Les pratiques culturelles influencent en retour les résultats ....

Une pratique de masse différenciée, la photographie

Mots clés : Culture • Culture de masse

A Une pratique socialement différenciée

Doc. 1 Différents types de photographies

Une photographie d'art, du photographe Elliott Erwitt, 1989.

Une photographie de famille.

Une photographie témoignage : la chute du mur de Berlin, 9 novembre 1989.

Doc. 2 Pierre Bourdieu et la photographie

Dans *Un art moyen : essai sur les usages sociaux de la photographie* (1965), Pierre Bourdieu montrait que la photographie avait des usages différents selon les milieux sociaux.

Dans les années 1960, pour les classes dites populaires, la photographie a essentiellement un usage familial, les photos dites de famille. Pour les classes moyennes, la photographie a un usage de substitution à la peinture, c'est un art à leur portée qu'elles utilisent largement. Quant aux classes supérieures, elles lui préfèrent la peinture, la sculpture, la musique, la littérature, le théâtre qui symbolisent la culture savante. Pour ce groupe, la possession d'un équipement photographique relève plus d'un effet de revenu que d'un intérêt profond pour la photographie.

É. Taïeb, © Nathan, 2014.

Questions

1. Doc. 1. **DÉDUIRE.** À quoi ces trois photographies peuvent-elles servir ? Qui les réalise ?

2. Doc. 2. **EXPLIQUER.** Quelle est la date du livre de Pierre Bourdieu évoqué dans ce texte ? Quel est le sens du titre de ce livre ?

3. Doc. 2. **EXPLIQUER.** Quelles sont les priorités photographiques des classes populaires ?

4. Doc. 2 **EXPLIQUER.** En quoi les classes moyennes se différencient-elles des classes populaires dans la pratique de la photographie ?

5. Doc. 2. **ANALYSER.** Aujourd'hui, peut-on faire la même analyse ?

B Une démocratisation renforcée par l'essor du numérique ?

Doc. 3 Vente d'appareils photographiques argentiques et numériques

Source : enquêtes annuelles Sipec et Ipsos, 2012.

Doc. 4 Les conséquences du numérique de masse sur la photographie

On distingue plusieurs types d'utilisateurs, notamment :

• celui qui utilise essentiellement son smartphone pour faire des photos (« selfie », par exemple). Pour lui, la qualité de l'image importe moins que sa fonction de « témoignage » ;

• l'amateur éclairé qui, grâce à la baisse des prix des appareils a pu s'offrir un appareil « milieu de gamme » ;

• le professionnel avec un matériel pouvant atteindre plusieurs dizaines de milliers d'euros. Il vit de ses images qui sont source de revenus. Ces professionnels ont des regards très divers sur la démocratisation de la photo : enthousiaste, un peu réprobateur, voire franchement hostile. Car si elle révèle des talents, elle induit également une baisse globale de la qualité des images selon les critères classiques (cadrage, exposition, netteté, etc.). Et c'est pour ces problèmes de qualité que les professionnels se convertissent à des techniques plus nouvelles pour créer de la valeur ajoutée.

Quant à la photographie argentique, elle est devenue une niche réservée à des professionnels ou amateurs passionnés (qualité de l'image) ou des personnes en recherche d'originalité.

É. Taïeb, © Nathan, 2014.

Un *selfie* (autoportrait réalisé avec un Smartphone).

Questions

6 Doc. 3. **CALCULER.** Quelle est l'évolution de la part des ventes des deux types d'appareils photographiques entre 1998 et 2006 ?

....

....

....

....

7 Doc. 4. **EXPLIQUER.** Quels sont les trois types d'utilisateurs décrits par ce texte ?

....

....

....

....

8 Doc. 4. **ANALYSER.** Quels critères différencient ces trois types d'utilisateurs ?

....

....

....

....

....

Pour conclure

Les affirmations suivantes sont-elles vraies ou fausses ? Cochez la bonne réponse.

	Vrai	Faux
1. Les pratiques de la photographie sont les mêmes pour toutes les catégories sociales.	☐	☐
2. Les catégories moyennes investissent massivement dans la photographie dans les années 1960.	☐	☐
3. L'argentique a détrôné le numérique.	☐	☐
4. Le numérique a fait de la photographie une pratique de masse.	☐	☐
5. Aujourd'hui, il existe encore plusieurs types d'utilisateurs et plusieurs pratiques de la photographie.	☐	☐

Utiliser des vidéos :

La musique et les droits civiques aux États-Unis

Les SES *autrement*

Mot clé Pratiques culturelles

Que sont les droits civiques ?

Il s'agit de l'**ensemble des droits légalement conférés aux citoyens** (droit de vote notamment). Plus généralement, le Mouvement des droits civiques désigne **la lutte contre la ségrégation raciale**. Aux États-Unis, ces droits sont différents pour les citoyens blancs et les citoyens noirs jusqu'au milieu des années 1960. En 1964, les ***Civil Rights* Acts interdisent la discrimination** fondée sur la couleur, la religion, le sexe ou l'origine nationale. En 1965, le *Voting Rights Act* supprime les mesures empêchant les Noirs de participer aux élections.

Martin Luther King est l'un des leaders du mouvement des droits civiques.

A La musique fédératrice des droits civiques

La marche sur Washington pour le travail et la liberté

Le 28 août 1963 a lieu la marche sur Washington pour le travail et la liberté (*March on Washington for Jobs and Freedom*). Organisée par des défenseurs des droits civiques, des syndicats et des organisations religieuses, la marche, non violente, réunit plus de 200 000 participants. C'est à cette occasion que Martin Luther King prononce son célèbre discours « *I have a dream…* », au Lincoln Memorial.

Doc. 1 Deux des chanteurs de la marche sur Washington (1963)

→ Sur www.youtube.com, tapez « *Bob Dylan and Joan Baez 1963 March on Washington* », et regardez la vidéo (9:55 minutes).

1 Quel est le contexte de la marche des droits civiques ?

....

....

....

....

....

....

....

....

....

Doc. 2 Les grandes chansons du Mouvement

Le 28 août 1963, Martin Luther King prend la parole devant les 200 000 marcheurs venus à Washington.

→ Rendez-vous sur le site www.pbs.org/wgbh/americanexperience/features/general-article/soundtrack-lyrics/ puis cliquez sur les quatre chansons suivantes : *Keep Your Eyes on the Prize*, *We Shall Not Be Moved*, *We Shall Overcome*, *Ain't Gonna Let Nobody Turn me Round*.

2 Recherchez et écoutez ces quatre chansons sur les droits civiques. Traduisez leurs titres, et éventuellement quelques paroles.

....

....

....

....

....

....

3 Quel a été le rôle de la musique durant ce mouvement des droits civiques ?

....

....

....

....

....

....

....

B Les prolongements du Mouvement des droits civiques à travers sa musique

You can cage the singer, but not the song

• Pour le grand acteur américain Harry Belafonte, comme pour beaucoup de militants des droits civiques, vous pouvez emprisonner le chanteur mais pas la chanson (« *You can cage the singer, but not the song* »).

Obama et la musique des droits civiques

• En 2010, à l'occasion de la célébration des chansons du mouvement des droits civiques, un concert est donné à la Maison-Blanche. Le président américain Barack Obama rend hommage aux chanteurs ayant chanté la « bande sonore » du mouvement des droits civiques dans les années 1960.

Doc. 3 Concert à la Maison-Blanche en 2010

→ Rendez-vous sur le site http://video.pbs.org/video/1410865290/?utm_source=YouTube&utm_medium=pbschannel&utm_campaign=pbs
Cliquez sur l'onglet « CC » pour mettre les sous-titres en anglais.

4 Regardez les minutes 15, 20, 36 et 40 de cette vidéo. Que voyez-vous et qu'entendez-vous ?

....

....

....

....

....

....

....

....

....

....

....

....

....

5 Qui compose le public ? Quelle est son attitude, notamment durant la chanson « *Ain't Gonna Let Nobody Turn me Round* » (à la 36e minute) ?

....

....

....

....

....

Des échos lointains de la marche

• En Afrique du Sud, Nelson Mandela et ses compagnons – qui défendirent souvent la doctrine de la non-violence prônée par Gandhi – ont lutté contre l'Apartheid avec l'appui de quelques Blancs comme le chanteur Johnny Clegg. Ce dernier réunit de nombreux Sud-Africains avec sa chanson « *Asimbonanga* », en 1987. Cette chanson, consacrée à Nelson Mandela, dit « Nous ne l'avons jamais vu », faisant référence aux 27 années d'emprisonnement de Mandela.

• Une dizaine d'années plus tard, lors d'un concert à Francfort, Johnny Clegg est rejoint sur scène, par surprise, par Nelson Mandela. Ils chantent alors ensemble la chanson « *Asimbonanga* ».

Doc. 4 Johnny Clegg et Nelson Mandela

→ Sur Youtube, tapez « Johnny Clegg et Nelson Mandela Asimbonanga », et regardez la vidéo de la chanson (6:12 minutes).

6 Recherchez sur Internet ou dans son autobiographie (*Un long chemin vers la liberté*) les grandes étapes de la vie de Nelson Mandela.

....

....

....

....

....

....

....

....

....

7 En quoi ce moment entre J. Clegg et N. Mandela est-il révélateur de l'évolution de l'Afrique du Sud ?

....

....

....

....

....

....

....

Comment expliquer les différences de pratiques culturelles ?

L'essentiel

1 Des pratiques culturelles différenciées

- Bien que certaines **pratiques culturelles** se démocratisent, véhiculées par les **médias de masse** (tennis par exemple), nombreuses sont celles qui restent très liées au **milieu social** comme la fréquentation des musées et des théâtres. L'utilisation d'**Internet** et des **réseaux sociaux numériques**, le sport ou la musique, sont liés au **milieu social** et à l'**âge**. D'autres pratiques culturelles sont liées au **sexe**, au **lieu d'habitation**, à la **culture**, à la **région** ou à la **nation d'origine**.

- Chacun des domaines doit lui-même être subdivisé : quel musée, quel film ou quelle pièce de théâtre voir ? Pratiquer un sport dans un club municipal ou dans un club « élitiste » n'a pas la même signification sociale.

2 Pourquoi des pratiques culturelles différentes ?

- Les pratiques culturelles s'apprennent dès l'**enfance** avec la **famille**, les **amis**. Elles creusent les inégalités de **capital culturel**. Si l'école tente de les corriger, elle n'y parvient que partiellement et ce capital culturel joue également un rôle important dans les **résultats scolaires**.

- Le **capital social** et les **réseaux sociaux** ont aussi une influence sur nos pratiques culturelles.

3 Certaines pratiques sont plus valorisées que d'autres

- Par exemple, au début des années 1960, selon Pierre Bourdieu, la photographie est une pratique investie surtout par les classes moyennes (un art moyen). Elle est plutôt délaissée par les catégories supérieures qui préfèrent les beaux-arts, qui font partie de la **culture savante** ou légitime.

- Le numérique a bouleversé la pratique de la photographie, devenue davantage une **pratique de masse** sous l'effet de la baisse des prix et des innovations, comme les smartphones et les réseaux sociaux numériques. Mais les pratiques et usages de la photographie diffèrent encore selon la profession, l'âge, la passion : toutes les formes de distinction n'ont donc pas disparu avec l'essor du numérique.

- Ainsi la culture savante ou légitime, étudiée par Pierre Bourdieu (musique classique, expositions de peinture, grands auteurs) et valorisée par les plus grandes écoles, est souvent différenciée voire opposée à la **culture populaire** (bals publics, fêtes foraines, etc.). Mais cette opposition peut être relativisée. Certaines œuvres naguère socialement distinctives sont mieux diffusées par le biais de la massification scolaire et/ou des médias de masse (souvent liée à la **culture de masse**).

Mots clés

Culture : système cohérent de valeurs, de normes, de pratiques sociales et culturelles caractéristiques d'un groupe ou d'une société.

Culture de masse : ensemble des valeurs, des messages véhiculés par les médias de masse (presse, radio, télévision, publicité) et autres entreprises culturelles (cinéma, musique, etc.).

Culture populaire : souvent utilisée comme un synonyme de « culture de masse », elle désigne les loisirs et spectacles appréciés par le plus grand nombre ou plus spécifiquement par les catégories sociales dites « populaires » (employés, ouvriers, petits artisans et commerçants).

Culture savante : socialement valorisée, elle désigne les savoirs « supérieurs » et les dispositions esthétiques des personnes à haut niveau d'instruction.

Pratiques culturelles : généralement, sorties dites culturelles (cinémas, spectacles vivants), les pratiques en amateur (sport, pratique instrumentale, danse, théâtre, etc.) et de nombreux loisirs (télévision, lecture, musique).

Réseaux sociaux : liens de nature amicale, professionnelle, politique, tissés entre les individus. Un réseau est une configuration de relations interpersonnelles.

Testez vous !

Exercices

Exercice 1

(... / 14 points)

À partir des exemples ci-dessous, indiquez s'il s'agit de *culture savante, populaire* ou de *masse*. Justifiez vos réponses. *(2 points par bonne réponse)*

1 Bal public : ....

....

2 Spectacle sportif : ....

....

3 Cinéma : ....

....

4 Musée : ....

....

5 Théâtre : ....

....

6 Photographie : ....

....

7 Internet : ....

....

Exercice 2

(... / 6 points)

Pratiques culturelles par catégories socioprofessionnelles en 2008

En %	Ensemble	Agriculteurs	Artisans, commerçants, chefs d'ent.	Cadres et prof. intell. sup.	Prof. interm.	Employés	Ouvriers	Inactifs
Parcs à thèmes	**8**	3	12	13	9	7	6	7
Expositions de peinture ou de sculpture	**24**	11	28	49	31	16	10	23
Expositions de photographies	**15**	8	16	32	18	10	7	12
Spectacles son et lumière	**17**	12	21	23	23	14	13	16

Source : « Les pratiques culturelles des Français », ministère de la Culture, 2009.

1 Quels sont les critères retenus pour étudier les pratiques culturelles des Français ? *(2 points)*

....

....

2 Calculez les écarts, en points et à l'aide d'un coefficient multiplicateur, entre les cadres et professions intellectuelles supérieures et les ouvriers sur la fréquentation des parcs à thèmes et des expositions de peinture ou de sculpture. Que peut-on en conclure ? → **Fiche méthode B** *(4 points)*

....

....

....

....

....

Comment calculer un pourcentage de répartition ?

FICHE MÉTHODE **A**

Définition

Un **pourcentage de répartition** permet d'exprimer une **quantité en une fraction de cent** grâce à l'utilisation du signe %. Le pourcentage de répartition représente une **fraction** ou **part** d'un ensemble.

Formule

$$\textbf{\% de répartition} = \frac{\text{sous-ensemble}}{\text{ensemble}} \times 100$$

Un pourcentage de répartition est toujours compris entre 0 et 100 % et la somme des pourcentages de répartition doit toujours être égale à 100.

Exemple

D'après le dernier recensement de l'Insee, au 1er janvier 2013, la population française totale **(ensemble)** est de 63 703 191 habitants.
32 830 153 sont des femmes **(sous-ensemble)** et 30 873 038 sont des hommes. La proportion de femmes dans la population totale est de :

$$\frac{32\,830\,153}{63\,703\,191} \times 100 = 51{,}5\ \%$$

On calcule de la même manière que la proportion d'hommes est de 48,5 %.

Exercice 1 Population totale par sexe et par âge (1er janvier 2013)

	Hommes	Femmes	Ensemble
Moins de 20 ans	7 964 841	7 616 568	15 581 409
De 20 à 64 ans	18 164 617	18 675 395	36 840 012
65 ans et plus	4 743 580	6 538 190	11 281 770
POPULATION TOTALE	**30 873 038**	**32 830 153**	**63 703 191**

Source : Insee, 2013.

1. Rédigez une phrase présentant les informations apportées par les deux données en rouge.

....

2. Quel est le pourcentage des moins de 20 ans dans la population totale ? Des 20-64 ans ? Des 65 ans et plus ? À quoi est égale la somme de ces trois pourcentages ?

....

....

....

3. Quel est le pourcentage d'hommes dans la population des 65 ans et plus ? De femmes ?

....

....

Exercice 2 Audience TV du 10 septembre 2013

	Programme	Téléspectateurs (en milliers)	Part d'audience (en %)
TF1	Football	7 679	....
France 3	*Assassinée*	3 242	....
France 2	Le jardin préféré des Français	3 006	12,2
M6	Les nannies	....	9,5
W9	*Mamma Mia !*	945	3,7
arte	Évasion fiscale	911	3,5

Source : Médiamétrie.

1. Sachant que le nombre total de téléspectateurs devant leur télévision le 10 septembre 2013 était de 25 540 milliers, calculez et reportez dans le tableau les parts d'audience de TF1 et de France 3.

2. Connaissant la part d'audience de M6, calculez son nombre de téléspectateurs et indiquez-le dans le tableau.

B FICHE MÉTHODE

Comment calculer un taux de variation et un coefficient multiplicateur ?

Définition

- Le **taux de variation** et le **coefficient multiplicateur** permettent de mesurer l'évolution relative et variable dans le temps entre une date de départ et une date d'arrivée.
- Pour calculer un **taux de variation** entre deux dates, il faut calculer un écart relatif en pourcentage de la valeur de départ (Vd) et la valeur d'arrivée (Va).
- Pour calculer un **coefficient multiplicateur**, il faut faire le rapport entre la valeur d'arrivée (Va) et la valeur de départ (Vd).

Formules

- **Taux de variation** = $\frac{\text{Va} - \text{Vd}}{\text{Vd}} \times 100$

Un taux de variation négatif signifie que Va < Vd, ce qui correspond à une diminution.

- **Coefficient multiplicateur** = $\frac{\text{Va}}{\text{Vd}}$

Le coefficient multiplicateur ne possède pas d'unité.

Exemple

- La dette publique de la France est passée de 1 253 à 1 870 milliards d'euros entre le 1er janvier 2008 et le 1er janvier 2013, ce qui correspond à une augmentation de :

$$\frac{1\,870 - 1\,253}{1\,253} \times 100 = 49{,}2\ \%$$

- Au 1er janvier 2004, cette dette publique était de 1 026 milliards d'euros. Sa valeur a donc été multipliée par :

$$\frac{1\,870}{1\,026} = 1{,}8 \text{ entre 2004 et 2013.}$$

Remarque : dans les calculs, le chiffre après la virgule entre 0 et 0,4 est arrondi à 0, et entre 0,5 et 0,9 est arrondi à 1.

Exercice 1 Évolution de la dette publique en France (en milliards d'euros)

2003	2004	2005	2006	2007	2008	2009	2010	2011	2012	2013
943,3	1 026,5	1 102,3	1 155,8	1 188,3	1 253,4	1 373,4	1 539,2	1 650,6	1 789,2	1 870,3

Source : Insee, 2013.

1 Calculez le taux de variation de la dette publique française entre 2008 et 2011. Comparez-le avec celui obtenu entre 2005 et 2008.

....

....

....

2 Calculez le coefficient multiplicateur de la dette publique entre 2003 et 2013, puis formulez votre résultat.

....

Exercice 2 Achat d'équipements vidéo

En milliers	2000	2002	2004	2006	2008	2010	2012
Magnétoscopes	2 800	1 800	950	475	200	80	-
Lecteurs DVD	830	2 480	5 250	3 500	2 100	1 600	991
Lecteurs Blu-Ray	-	-	-	-	127	570	750

Source : Centre national du cinéma, 2013.

1 Calculez et comparez le taux de variation des achats de magnétoscopes et de lecteurs DVD entre 2000 et 2002.

....

....

....

2 Calculez le coefficient multiplicateur correspondant à l'évolution des achats de lecteurs Blu-Ray entre 2008 et 2012. Que peut-on conclure en comparant ce résultat avec l'évolution des achats de lecteurs DVD sur la même période ?

....

....

....

Comment calculer une moyenne et une médiane ?

FICHE MÉTHODE C

Définition

• **Médiane :** valeur qui partage en deux parties égales une population. Pour la calculer il faut ordonner les données en les triant dans l'ordre croissant puis prendre la valeur qui se situe au milieu de cet ensemble ordonné.

• **Moyenne simple :** rapport entre la somme de valeurs et le nombre des valeurs. **Moyenne pondérée :** moyenne dans laquelle chaque valeur possède un coefficient d'un poids différent, c'est-à-dire une pondération.

Formules

Moyenne simple de n éléments $x_1, x_2, \ldots, x_n$: $\bar{x} = \frac{x_1 + x_2 + \ldots + x_{n-1} + x_n}{n}$

Moyenne pondérée de n éléments $x_1, x_2, \ldots, x_n$ munis de coefficients de pondération $p_1, p_2, \ldots, p_n$: $\bar{x} = \frac{p_1x_1 + p_2x_2 + \ldots + p_{n-1}x_{n-1} + p_nx_n}{p_1 + p_2 + \ldots + p_{n-1} + p_n}$

Médiane : valeur du milieu d'un ensemble de données ordonnées.

Exemple

• D'après le dernier recensement de l'Insee, l'âge médian de la population française est de 39 ans en 2012. Ainsi, l'âge d'une moitié de la population est supérieur ou égal à l'âge médian, et celui de l'autre moitié de la population est inférieur ou égal à l'âge médian.

• D'après l'Insee, le salaire annuel net moyen en France en 2012 était de 31 960 € pour la région Île-de-France et de 22 720 € pour la région Nord-Pas-de-Calais.

Exercice 1 Résultats obtenus par une classe de 2de à un devoir de SES

	Tom	Leïla	Audrey	Lucas	Adèle	Rémi	Nancy	Yasmine	Nasser	Thomas	Émilie	Léa	Abel
Note sur 20	8	8	9	9	10	10	11	14	14	15	15	17	17

1 Quelles sont la note moyenne et la note médiane obtenues par cette classe ?

....

2 À votre avis, comme expliquer cet écart entre la note moyenne et la note médiane ?

....

....

Exercice 2 Prix du m² d'un appartement à Paris (2013)

Arrondissement	1er	2e	5e	6e	10e	16e	19e
Prix du m² (en €)	10 630	9 520	10 580	13 100	7 380	9 800	6 580

Source : www.seloger.com, 2013.

1 Déterminez les prix moyen et médian du m² à Paris pour ces sept arrondissements.

....

2 Sachant que le prix du m² est, sur l'ensemble des vingt arrondissements parisiens, de 8 273 € en 2013, peut-on dire que notre échantillon de sept arrondissements est représentatif ?

....

Exercice 3 PIB et population

Pays	Chine	Inde	États-Unis	UE
PIB/habitant (en $)	4 382	3 700	47 280	31 600
Population (en millions d'habitants)	1 355	1 201	319	503

Source : The world factbook, CIA, 2012.

1 Calculez la moyenne du PIB par habitant. Calculez la moyenne pondérée du PIB par habitant.

....

....

....

....

D FICHE MÉTHODE

Comment calculer un indice ?

Définition

- Un **indice** est un outil statistique qui permet de mesurer facilement l'évolution d'une variable économique.
- Pour calculer un indice à une date quelconque (t), il faut définir une **date de référence** (to) et lui octroyer une valeur de référence appelée **indice de base** (1, 100 ou 1 000 selon les cas). L'unité de l'indice s'appelle le **point**.

Formule

$$\textbf{Indice (t)} = \frac{\text{valeur (t)}}{\text{valeur (to)}} \times \text{base}$$

Exemple

L'indice **NASDAQ** a été créé en 1971 aux États-Unis. Il synthétise la valeur de plus de 3 200 entreprises liées aux nouvelles technologies et à l'innovation (Google, Apple, Facebook, etc.). La **date de référence de l'indice 100** est le **1er janvier 1971**.

Le 2 mars 2009, l'indice chute à son niveau le plus bas : 1 300 points. Le 7 octobre 2013, il vaut 3 770 points. Entre ces deux dates, l'indice a été multiplié par :

$$\frac{3\,770}{1\,300} = 2{,}9$$

Formulation du résultat : L'indice NASDAQ valait 3 770 points le 7 octobre 2013 (indice base 100 au 1er janvier 1971).

Exercice 1 Évolution du prix de l'once d'or (environ 31 grammes)

	1er janv. 2009	1er janv. 2010	1er janv. 2011	1er janv. 2012	1er janv. 2013	7 oct. 2013
Valeur (en $)	874	1 130	....	1 891	1 684	1 321
Indice 100 (1er janv. 2009)	100	....	158	216	....	....

Source : www.lesechos.fr, 2013.

1 Rédigez une phrase présentant l'information apportée par chaque donnée en rouge.

....

....

2 Calculez l'indice à la date du 1er janvier 2010 et complétez le tableau.

....

3 Recherchez pourquoi le prix mondial de l'or augmente à partir de 2010 alors que la crise économique s'aggrave.

....

....

Exercice 2 Évolution de l'indice NASDAQ (Base 100 en janvier 1971)

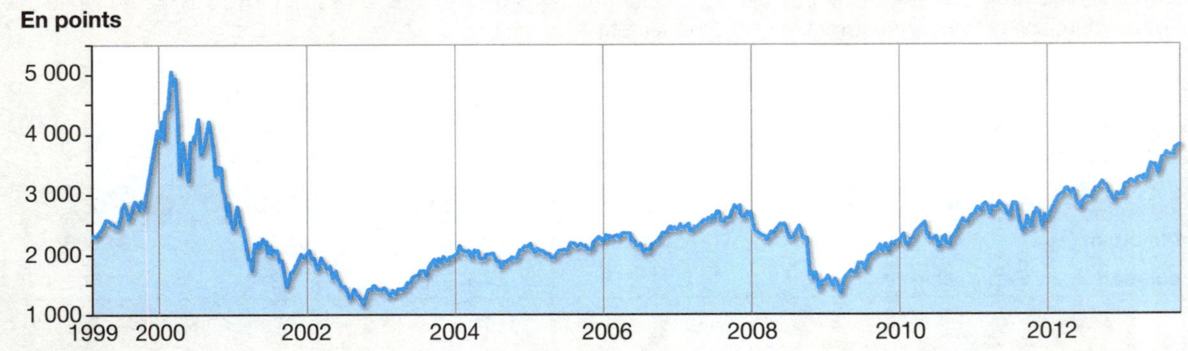

Source : www.nasdaq.com, 2013.

1 Rédigez une phrase correspondant à la donnée de 2008.

....

2 De combien approximativement a varié cet indice entre janvier 2004 et janvier 2008 ?

....

Comment calculer une élasticité ?

FICHE MÉTHODE E

I L'élasticité-prix

Définition

• L'**élasticité-prix** est un outil économique qui permet de mesurer la sensibilité de la demande d'un bien aux variations de son prix.

• Pour calculer une élasticité-prix, il faut faire un rapport entre le taux de variation de la demande et le taux de variation du prix.

Formule

$$\text{Élasticité-prix} = \frac{\text{variation en \% de la demande}}{\text{variation en \% du prix}}$$

Exemple

Quand le prix de l'essence augmente de 10 %, la demande d'achat d'automobiles diminue de 5 %. L'élasticité-prix est donc de :

$$\frac{-5}{10} = -0{,}5$$

L'**élasticité-prix** est généralement **négative** car quand le prix d'un bien augmente, la demande diminue (et inversement). Ici, l'élasticité-prix est faible (inférieure à 1) car les consommateurs peuvent difficilement réduire leur consommation d'essence.

Exercice 1 L'élasticité-prix des dépenses d'un élève

	Variation du prix	Variation de la demande	Élasticité-prix
Cinéma	4 %	–10 %	....
Restaurant	2 %	–10 %	....

1 Complétez le tableau en calculant les élasticités-prix.

2 Les dépenses de cinéma sont-elles plus sensibles aux prix que celles du restaurant ?

....

II L'élasticité-revenu

Définition

• L'**élasticité-revenu** permet de mesurer la sensibilité de la demande d'un bien d'un ménage aux variations de son revenu.

• Pour mesurer l'élasticité-revenu, il faut faire le rapport entre le taux de variation de la demande et le taux de variation du revenu.

Formule

$$\text{Élasticité-revenu} = \frac{\text{variation en \% de la demande}}{\text{variation en \% du revenu}}$$

Exemple

Une étude récente montre que les dépenses moyennes liées au soutien scolaire augmentent de 16 % quand le revenu croît de 8 %. L'élasticité revenu est donc de :

$$\frac{16}{8} = 2$$

Ce chiffre est en général **positif** car la quantité demandée augmente quand les revenus augmentent (et inversement). Ici, l'élasticité est forte (supérieure à 1), ce qui signifie que les dépenses de consommation sont très sensibles au revenu des ménages.

Exercice 2 L'élasticité-revenu des dépenses d'un autre élève

	Variation du revenu	Variation des dépenses	Élasticité-revenu
Nourriture	+ 10 %	+5 %	....
Loisirs		+50 %	....

1 Complétez le tableau.

2 Pourquoi l'élasticité-revenu est-elle plus faible pour les dépenses de nourriture que les dépenses de loisirs ?

....

....

....

F FICHE MÉTHODE

Comprendre un tableau statistique à double entrée

Définition

Un **tableau statistique à double entrée** est un document qui permet de représenter de manière synthétique de nombreuses données chiffrées.

Méthode

Pour étudier correctement un tableau statistique, il faut préalablement :

1. Lire le **titre du tableau** pour en connaître le thème.

2. Repérer l'**unité** (si l'unité est le millier, le lecteur doit rajouter 3 zéros au chiffre indiqué pour obtenir le chiffre réel).

3. Repérer la **variable en ligne** (horizontale) et la **variable en colonne** (verticale).

4. Repérer la **source** du document.

Après ce travail, vous êtes en mesure de formuler une phrase avec n'importe quel chiffre du tableau et d'en dégager les informations principales.

Exercice 1 Taux d'emploi en France en 2011

Taux d'emploi (en %)	Femmes	Hommes	Ensemble
TOTAL	**46,7**	**56,4**	**51,3**
15-24 ans	26,9	32,8	29,9
25-49 ans	76,4	87,0	81,6
50-64 ans	51,5	58,3	54,8

Source : Insee, « Enquête emploi », 2012.

1 Quelles sont la variable en ligne et la variable en colonne ?

....

2 Rédigez une phrase présentant l'information apportée par la donnée en rouge.

....

3 À partir de ce document, peut-on dire que la France a un problème avec l'emploi des seniors et des jeunes ?

....

....

Exercice 2 Les élèves du second degré selon l'origine sociale à la rentrée 2012

En %	Agriculteurs	Artisans, commerçants, chefs d'ent.	Cadres et prof. intell. sup.	Prof. intermédiaires	Employés	Ouvriers	TOTAL
Total second cycle général et technologique	3	12,1	30,9	15,8	17,2	21	**100**
Total second cycle professionnel	3,5	11,2	9,3	12,8	23,3	39,9	**100**

Source : ministère de l'Éducation nationale, 2013.

1 Quelles sont la variable en ligne et la variable en colonne ?

....

2 Rédigez une phrase présentant l'information apportée par chaque donnée en rouge.

....

....

3 Montrez, à l'aide des données du tableau, qu'il existe un lien entre l'origine sociale et le type de lycée fréquenté.

....

....

....

Interpréter un diagramme de répartition

FICHE MÉTHODE G

Définition

- Un **diagramme de répartition** est une représentation graphique qui permet de visualiser facilement des rapports de proportion. Le plus souvent, ces diagrammes sont construits à l'aide de données exprimées en pourcentage (➔ fiche méthode A).
- Les diagrammes peuvent se présenter sous différentes formes : **circulaire**, **semi-circulaire** ou en **bandes**.

Méthode

Pour étudier correctement un diagramme, il faut préalablement :

1. Lire le **titre du diagramme** pour en connaître le thème.

2. Repérer la **nature du diagramme** (circulaire, en bandes, etc.).

3. Repérer les **intitulés des éléments** qui remplissent le diagramme.

4. Repérer la **source** du document.

Après ce travail préalable, vous êtes en mesure de formuler une phrase avec n'importe quel chiffre du diagramme et surtout d'en dégager les informations principales.

Exercice 1 Les actionnaires du groupe EDF

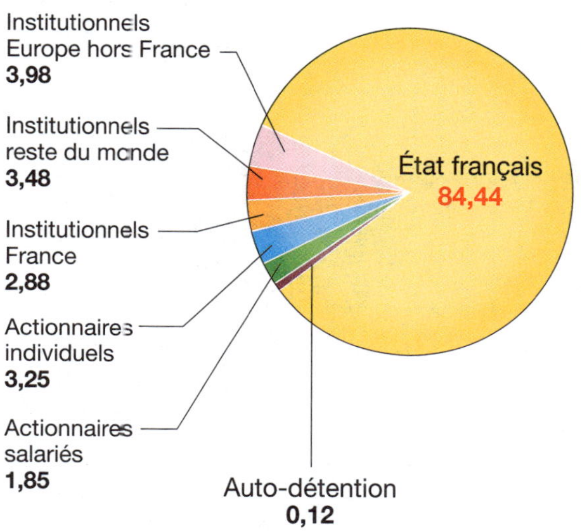

Source : www.edf.fr, 1er novembre 2013.

1 Présentez le document.

....

2 Rédigez une phrase présentant l'information apportée par la donnée en rouge.

....

3 Le groupe EDF est-il contrôlé par l'État français ?

....

Exercice 2 Répartition de la population pauvre[1] en 2012 en France

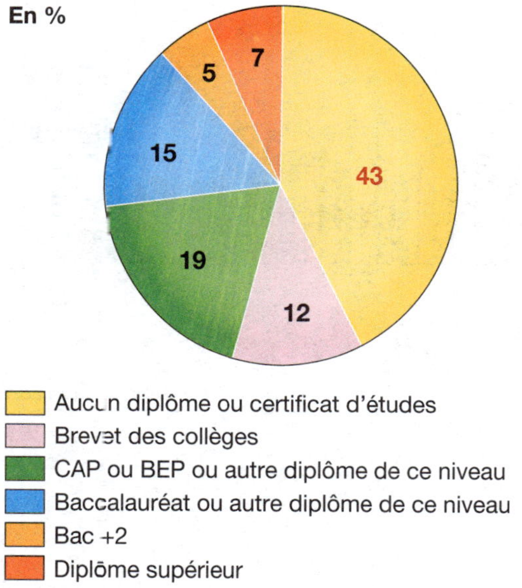

Source : *Insee*, 2012.

1. Moins de 50 % du revenu médian.

1 Présentez le document.

....

2 Rédigez une phrase présentant l'information apportée par la donnée en rouge.

....

3 Un fort niveau de qualification protège-t-il du risque de pauvreté ? Justifiez votre réponse.

....

FICHE MÉTHODE H
Analyser un histogramme

Définition

Un **histogramme** est un graphique constitué par des rectangles de même base, placés côte à côte, et dont la hauteur est proportionnelle à la quantité à représenter.

Méthode

Pour étudier correctement un histogramme, il faut préalablement :

1. Lire le **titre du graphique** pour en connaître le thème.
2. Repérer les **variables étudiées**.
3. Repérer la **source** du document.

Après ce travail préalable, vous êtes en mesure de formuler une phrase avec n'importe quelle donnée chiffrée de l'histogramme et de tirer des enseignements généraux concernant la répartition ou l'évolution dans le temps de la variable étudiée.

Exercice 1 Dépense annuelle moyenne pour un élève en classe élémentaire[1] en 2012

En dollars

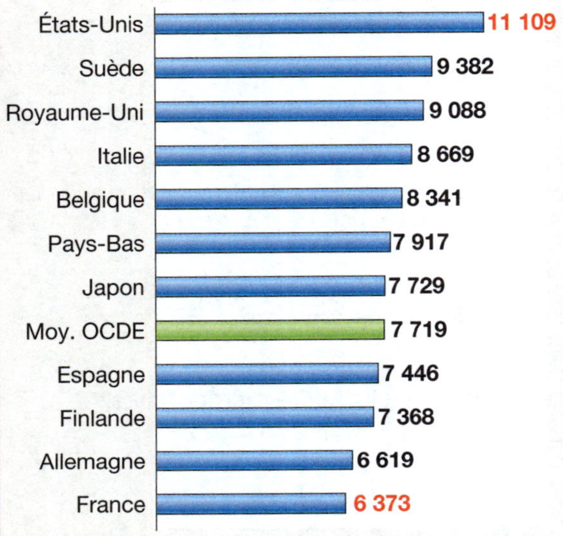

Source : *OCDE*, 2012.

1. Établissements publics ou privés.

1 Présentez ce document.

....

....

....

....

2 Pour chaque donnée en rouge, rédigez une phrase présentant l'information apportée.

....

....

....

3 Pourquoi ce document contribue-t-il à remettre en cause un préjugé ?

....

....

....

....

Exercice 2 Taux d'épargne des ménages en Europe

1 Présentez ce document.

....

....

....

....

....

En % du revenu

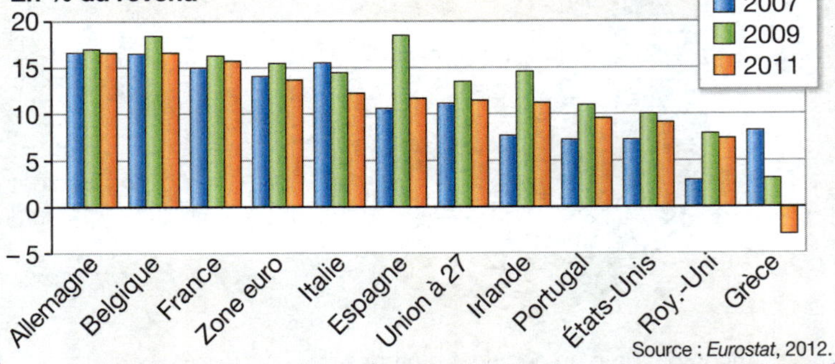

Source : *Eurostat*, 2012.

2 Rédigez une phrase permettant de comparer les taux d'épargne des ménages en Allemagne et en Espagne en 2011.

....

....

....

3 À votre avis, comment expliquer le taux d'épargne négatif pour les ménages grecs en 2011 ?

....

....

Interpréter une série chronologique

FICHE MÉTHODE I

Définition

Une **série chronologique** est un **graphique** qui représente l'évolution d'une variable dans le temps.

Méthode

Pour étudier correctement une série chronologique, il faut préalablement :

1. Lire le **titre du graphique** pour en connaître le thème.

2. Repérer la **variable étudiée** placée sur l'axe des ordonnées.

3. Repérer l'**échelle de temps** sur l'axe des abscisses.

4. Repérer la **source du document**.

Après ce travail préalable, vous êtes en mesure de formuler une phrase avec n'importe quel chiffre du graphique et de dégager les tendances dans l'évolution des courbes (croissantes, décroissantes ou stagnantes).

Exercice 1 Évolution de la fréquentation du cinéma en France

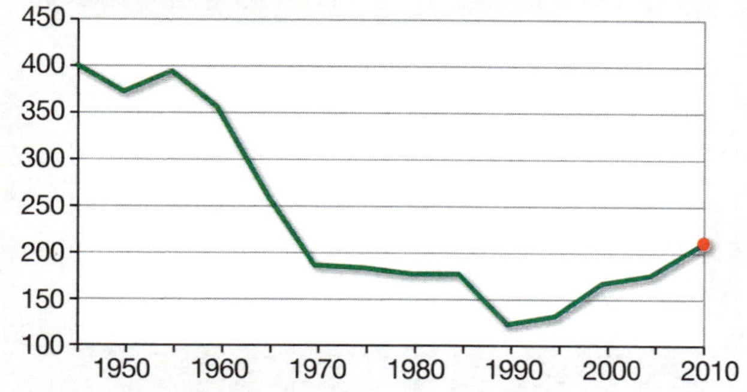

Source : www.cnc.fr, 2013.

1 Dans quelle unité est mesurée la fréquentation du cinéma en France ?

....

....

....

2 Rédigez une phrase présentant l'information apportée par le point en rouge.

....

....

....

3 Décrivez les grandes tendances de l'évolution de la fréquentation du cinéma en France de 1950 à nos jours.

....

....

....

Exercice 2 Évolution du chômage en France

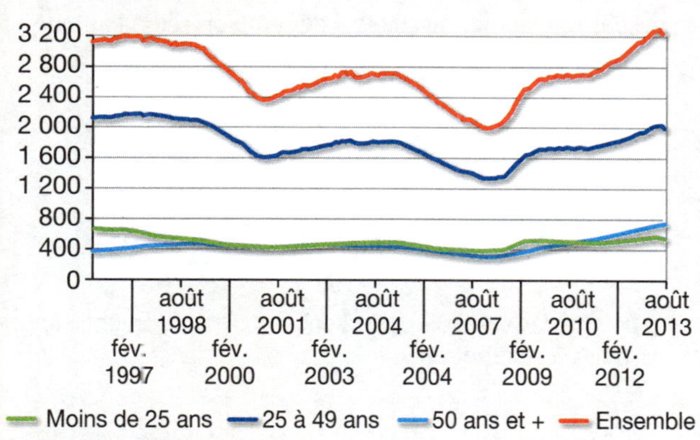

Source : *Insee*, 2013.

1 Quel est le nombre de chômeurs en août 2013 ?

....

....

....

2 Décrivez l'évolution du chômage de l'ensemble de la France métropolitaine de 1997 à nos jours.

....

....

....

....

....

3 Peut-on dire que le chômage des « moins de 25 ans » a augmenté plus vite que celui des « 50 ans et plus » depuis 2007 ?

....

....

....

J FICHE MÉTHODE

Analyser un texte

Définition

• Un **texte** en SES présente de manière littéraire des notions, des arguments ou des données chiffrées.

• Il existe différents types de textes : les **textes factuels** qui présentent et analysent une notion, les **textes engagés** dans lesquels l'auteur défend un point de vue (économique, politique, scientifique, etc.), ou encore les **textes analytiques** qui exposent des arguments contradictoires pour comprendre les enjeux d'un débat.

Méthode

Pour étudier correctement un texte, il faut :

1. Lire le **titre du document** pour en connaître le thème.

2. Connaître la **source** du document.

3. Souligner les **mots clés** (notions, chiffres importants, arguments, etc.).

4. Percevoir le **type de texte** étudié (factuel, engagé, etc.).

5. Dégager les **idées essentielles** et repérer la **structure** du texte.

Exercice 1 Travail du dimanche : les salariés appellent à manifester le 2 octobre 2013

L'interdiction de travailler le dimanche déplaît. Les employés des magasins de bricolage d'Île-de-France, qui réclament le droit de travailler ce jour-là, vont manifester ce mercredi 2 octobre pour exiger des mesures rapides. Le gouvernement, de son côté, n'envisage des décisions qu'à la fin 2013[1].

Mais le collectif des « Bricoleurs du dimanche », qui rassemble des salariés de Leroy Merlin et de Castorama, espère réunir entre 300 et 500 manifestants à proximité de Matignon pour dénoncer, disent-ils, l'urgence de la situation.

D'après www.bfmtv.com, octobre 2013.

1. Autorisation donnée par décret début mars 2014.

1 Pour quelle raison et dans quel contexte les salariés ont-ils manifesté en octobre 2013 ?

....

....

....

....

....

....

2 Ce texte est-il de nature factuelle ou défend-il une position ?

....

....

Exercice 2 Travail dominical : pour ou contre ?

L'offensive pour forcer au travail le dimanche s'appuie sur des « promesses » de compensation salariale. Ceux des salariés qui réclament de « généraliser le travail le dimanche » ne comprennent pas que leur majoration est due au caractère exceptionnel de l'ouverture, mais qu'elle sera remise en cause s'il y a généralisation.

On nous dit que c'est pour stimuler le commerce : c'est stupide, cela fera disparaître des emplois. Le pouvoir d'achat n'étant pas extensible, ce qui sera acheté le dimanche ne le sera pas les autres jours. Seules les grandes surfaces tireront leur épingle du jeu. Les embauches qui auront lieu le dimanche se traduiront par des réductions d'effectifs le lundi et les autres jours. […]

C'est une forme de vandalisme social que de vouloir casser le repos dominical : celui-ci, collectif, est structurant socialement, tant pour la famille que la vie citoyenne, les loisirs, la vie associative, culturelle, sportive, etc.

Gérard Filoche, www.slate.fr, 30 septembre 2013.

1 Quelle est la nature de ce texte : est-il factuel ou engagé ?

....

....

....

2 Le travail dominical crée-t-il des emplois selon l'auteur ?

....

....

....

....

....

3 À votre avis, quels pourraient être les arguments opposables à ce point de vue ?

....

....

....

....

....

....

Construire des diagrammes et effectuer des calculs avec *Excel*

FICHE MÉTHODE **K**

Objectif

Le logiciel ***Excel*** permet de construire facilement des **diagrammes** et d'effectuer des **calculs**. Il existe des logiciels « libres » gratuits qui fonctionnent comme *Excel* dont le logiciel *Calc* de la suite *Open Office*.

Étape 1 Construire un tableau statistique

• Reproduisez le tableau suivant sur *Excel* : « Répartition de la population française en 2013 par tranche d'âge » (source Insee).

• Vous remarquerez que chaque cellule possède des coordonnées : par exemple, le chiffre 15 581 409 correspond à la cellule B2 (1).

	A	B	C
1		**Population**	Répartition en %
2	Moins de 20 ans	(1) 15 581 409	
3	De 60 à 64 ans	36 840 012	
4	65 ans ou plus	11 281 770	
5	Population totale		
6			

Étape 2 Effectuer des calculs

• Pour calculer la somme de la population totale dans la cellule B5, il faut taper la formule suivante (2) qui signifie en langage informatique « la somme des cellules de B2 à B4 ».

B5 | fx =SOMME(B2:B4) (2)

	A	B	C
1		**Population**	Répartition en %
2	Moins de 20 ans	15 581 409	
3	De 60 à 64 ans	36 840 012	
4	65 ans ou plus	11 281 770	
5	Population totale	63 703 191	

• Pour calculer un pourcentage de répartition dans la troisième colonne, il faut taper la formule suivante (3) qui signifie en langage informatique « la valeur inscrite dans la cellule B2 divisée par celle en B5, le tout fois 100 ».

C2 | fx =(B2/B5)*100 (3)

	A	B	C
1		**Population**	Répartition en %
2	Moins de 20 ans	15 581 409	24,5
3	De 60 à 64 ans	36 840 012	
4	65 ans ou plus	11 281 770	
5	Population totale	63 703 191	

• Cliquez sur l'icône suivant (4) pour modifier le nombre de décimales.

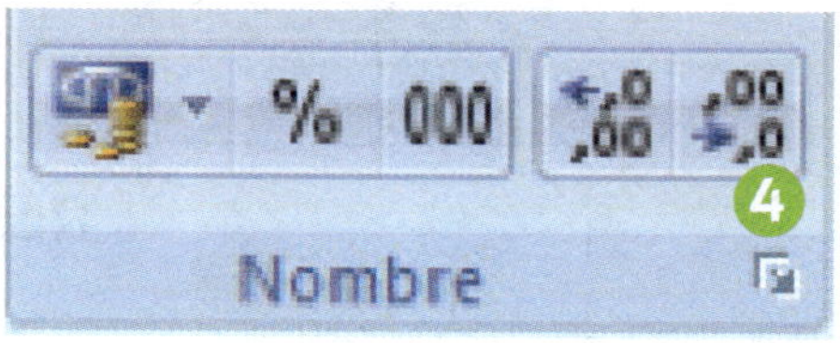

• Si vous souhaitez trouver les autres pourcentages de répartition sans réécrire chaque fois la formule, vous devez prendre comme référence la cellule B5 qui va intervenir dans chaque calcul. Pour cela, vous devez utiliser la touche $. La formule inscrite en C2 est identique au cas précédent à une nuance près : la mention « B5 » (5) à la place de « B5 » signifie que dans ce cas de figure, le chiffre en B5 va servir de référence pour les autres calculs. Il suffit ensuite de cliquer sur le coin en bas à droite (6) et d'étirer la zone jusqu'en C5 pour voir apparaître tous les résultats.

C2 | fx =(B2/B5)*100 (5)

	A	B	C
1		**Population**	Répartition en %
2	Moins de 20 ans	15 581 409	24,5
3	De 60 à 64 ans	36 840 012	57,8
4	65 ans ou plus	11 281 770	(6) 17,7
5	Population totale	63 703 191	100,0

Construire des diagrammes et effectuer des calculs avec *Excel*

Étape 3 Construire un diagramme

- Sélectionnez les cellules A1 à A4 et B1 à B4 (7) puis cliquez sur « Insertion » sur la barre de tâche.
- Vous pouvez choisir l'icône « Colonne » (8) pour construire un diagramme en bandes et l'icône « Secteurs » (9) pour construire un diagramme circulaire.

	A	B	C	D	E	F
1		Population	Répartition en %			
2	Moins de 20 ans	15 581 409	24,5			
3	De 60 à 64 ans (7)	36 840 012	57,8			
4	65 ans ou plus	11 281 770	17,7			
5	Population totale	63 703 191	100,0			

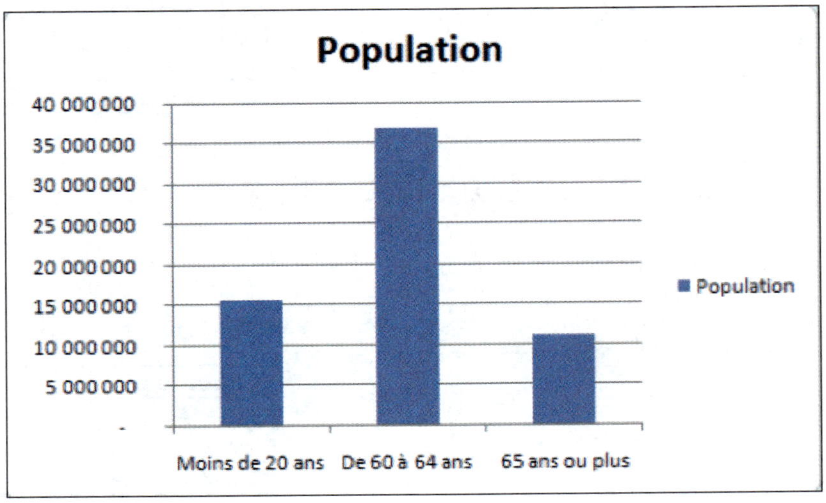

- Pour construire un diagramme circulaire avec les pourcentages, vous devez sélectionner les cellules de A1 à A4 et de C1 à C4 grâce à la touche *Ctrl* de votre clavier.

	A	B	C
1		Population	Répartition en %
2	Moins de 20 ans	15 581 409	24,5
3	De 60 à 64 ans	36 840 012	57,8
4	65 ans ou plus	11 281 770	17,7
5	Population totale	63 703 191	100,0

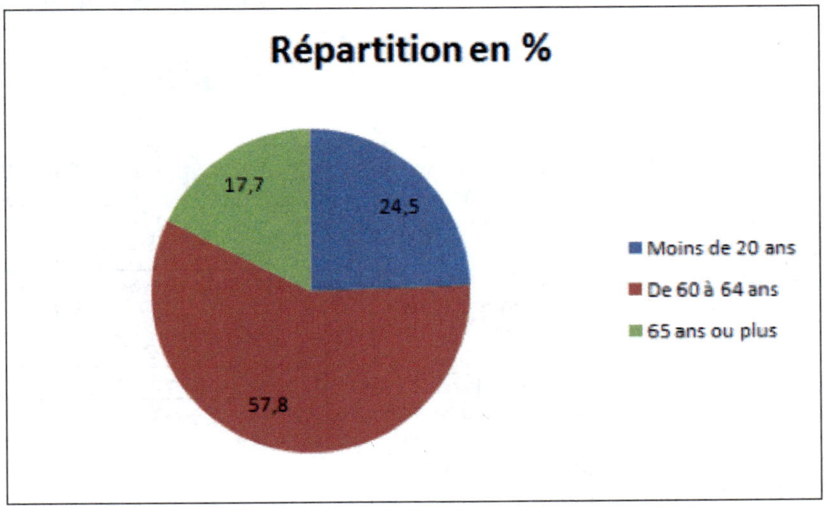

Lexique

A

Administration publique : unité de production dont le rôle est de mettre à la disposition des individus des services non marchands et d'effectuer des opérations de redistribution (p. 35).

Agents de socialisation : groupes d'individus et institutions tels les amis, la famille, l'école, l'entreprise, les medias chargés implicitement ou explicitement de la transmission des règles sociales (p. 85).

B

Bénéfice : excédent des recettes sur le total des coûts de production (p. 43).

Bien : objet matériel, résultant de la transformation de matières premières (p. 35).

C

Capital humain : ensemble des capacités intellectuelles ou physiques, des connaissances et des qualifications d'un individu qui contribuent à accroître sa productivité et sa rémunération (p. 69).

Catégorie socioprofessionnelle (CSP) : regroupement d'individus ayant le même statut professionnel en tenant compte de plusieurs critères : métier proprement dit, activité économique, qualification, position hiérarchique et statut (p. 25).

Chiffre d'affaires : valeur des biens et / ou des services vendus par une entreprise (p. 35).

Chômage : situation des personnes (de 15 ans et plus), privées d'emploi et en recherchant un. Le taux de chômage rapporte la population active occupée à la population totale (pp. 69 et 77).

Combinaison productive : quantité de facteurs travail et capital utilisée pour produire (p. 43).

Consommation : utilisation de biens et services dans le but de satisfaire des besoins (pp. 15 et 25).

Consommation ostentatoire : consommation dont la motivation principale est d'émettre des signes, de faire apparaître le statut social d'un individu ou d'exprimer son appartenance à un groupe (p. 25).

Coût de production : ensemble des dépenses inhérentes à la production et/ou à la commercialisation d'un bien ou d'un service. Le coût de production comprend le coût fixe qui est indépendant de la quantité produite, et le coût variable qui croît avec le volume de la production (p. 43).

Coût salarial : coût direct de l'emploi d'un salarié, pour l'employeur. Il comprend le salaire, les cotisations sociales et les taxes éventuelles sur les salaires (p. 77).

Coûts sociaux : coûts supplémentaires engendrés pour réparer les effets externes négatifs produits par les marchés : la disparition d'espèces animales, la déforestation, la pollution de l'air ou des rivières, l'accumulation de déchets ménagers, etc. (p. 59).

Culture : système cohérent de valeurs, de normes, de pratiques sociales et culturelles caractéristiques d'un groupe ou d'une société (p. 95).

Culture de masse : ensemble des valeurs, des messages véhiculés par les médias de masse (presse, radio, télévision) et autres entreprises culturelles (cinéma, musique, etc.) (p. 95).

Culture populaire : souvent utilisée comme un synonyme de « culture de masse », elle désigne les loisirs et spectacles appréciés par le plus grand nombre ou plus spécifiquement par les catégories sociales dites « populaires » (employés, ouvriers, petits artisans et commerçants) (p. 95).

Culture savante : socialement valorisée, elle désigne les savoirs « supérieurs » et les dispositions esthétiques des personnes à haut niveau d'instruction (p. 95).

D

Déclassement : situation d'un individu obligé d'accepter un poste inférieur à celui qu'il aurait pu obtenir compte tenu de son niveau de diplôme (p. 69).

Demande : quantité d'un produit donné que les agents présents sur un marché veulent acheter pour un prix donné. Les demandeurs sont donc les acheteurs (p. 51).

Démocratisation de l'enseignement : accès aux formations du supérieur mesuré par la part d'une classe d'âge qui poursuit des études supérieures avec une probabilité équivalente d'accès quel que soit le milieu d'origine (p. 69).

E

Effet d'imitation : comportement par lequel un individu (ou groupe d'individus) cherche à adopter les pratiques d'un groupe auquel il souhaite appartenir (p. 25).

Effet de distinction : comportement d'un individu (ou groupe d'individus) qui vise à se démarquer d'un autre groupe social (p. 25).

Effet de signe : les produits consommés sont porteurs de signes permettant à un individu de montrer à autrui son appartenance à un groupe spécifique ou d'afficher le statut social qu'il souhaite atteindre (p. 25).

Élasticité-prix : variation relative de la demande d'un bien par rapport a la variation relative du prix de ce bien. L'élasticité-prix est généralement négative, car une hausse du prix se traduit habituellement par une baisse de la demande (pp. 15 et 51).

Élasticité-revenu : variation relative de la demande d'un bien par rapport à la variation relative du revenu (pp. 15 et 51).

Emploi : exercice d'une activité professionnelle déclarée et rémunérée. Le taux d'emploi rapporte le nombre de personnes en emploi à la population âgée de 15 à 64 ans (pp. 69 et 77).

Entreprise : unité de production dont le rôle est de produire des biens et des services destinés à être vendus, son objectif principal est le profit (p. 35).

Épargne : part du revenu disponible qui n'est pas consommée immédiatement (p. 15).

Externalité (effet externe) : effet positif (avantage) ou négatif (dommage) provoqué par l'activité de production ou de consommation d'un agent économique qui exerce un effet secondaire affectant le bien-être d'un autre agent ou de toute la société, sans donner lieu à une compensation monétaire (p. 59).

F

Facteurs de production : ensemble des ressources utilisées dans le processus de production. Ces facteurs sont regroupés en deux groupes : le facteur travail (les hommes) et le facteur capital. Si l'un des facteurs peut être remplacé par l'autre pour produire la même quantité de biens ou de services, ils sont considérés comme substituables. Dans le cas contraire, on dira qu'ils sont complémentaires (p. 43).

I

Incitation : information envoyée aux agents économiques par le système des prix du marché (taxes, subventions), qui oriente leur comportement de production ou de consommation (p. 59).

Lexique

M

Marché : lieu réel ou fictif de rencontre entre une offre (les vendeurs) et une demande (les acheteurs) qui aboutit à la formation d'un prix (p. 51).

Massification de l'enseignement : accès à l'école de l'ensemble des enfants toutes catégories sociales confondues (p. 69).

N

Normes : règles de conduite orales ou écrites caractérisant les pratiques des membres d'une société ou d'un groupe à un moment donné. Elles traduisent les valeurs de la société (p. 85).

Normes environnementales : règles édictées par les pouvoirs publics définissant les caractéristiques des biens produits et des processus de production ou les qualités de l'environnement (air, eau, ressources naturelles), afin de limiter l'impact négatif de certaines activités sur l'environnement ou de les interdire. Le non-respect des normes se traduit par des poursuites judiciaires (p. 59).

O

Offre : quantité d'un produit donné que les agents présents sur un marché proposent pour un prix donné. Les offreurs sont donc les vendeurs. Sur le marché du travail, le offreurs sont les travailleurs qui proposent leur force de travail aux employeurs (p. 51).

P

Pollution : dégradation de l'environnement naturel. Elle peut être d'origine naturelle mais est le plus souvent liée à l'activité humaine, par l'introduction de substances chimiques, de déchets industriels et ménagers ou de rejets de gaz à effet de serre. La pollution nuit aux ressources biologiques et aux écosystèmes, favorise des dérèglements climatiques, provoque des nuisances olfactives excessives et/ou met en danger la santé humaine (p. 59).

Population active : ensemble des personnes exerçant ou cherchant à exercer une activité rémunérée. Les chômeurs font partie de la population active. Le taux d'activité rapporte la population active à la population âgée de 15 à 64 ans (p. 77).

Population active occupée : population active sans les chômeurs (p. 77).

Pouvoir d'achat : quantité de biens et de services qu'un individu peut se procurer avec son revenu disponible (p. 15).

Pratiques culturelles : généralement, sorties dites culturelles (cinémas, spectacles vivants), les pratiques en amateur (sport, pratique instrumentale, danse, théâtre, etc.) et de nombreux loisirs (télévision, lecture, musique) (p. 95).

Prix : quantité de monnaie correspondant à la valeur d'un bien sur un marché (p. 51).

Production : création de biens et de services destinés à satisfaire des besoins individuels ou collectifs (p. 35).

Production marchande : production destinée à être vendue sur un marché afin de réaliser un profit (p. 35).

Production non marchande : production fournie à titre gratuit ou quasi gratuit (p. 35).

Productivité : mesure de l'efficacité des facteurs de production, obtenue en divisant la production par la somme des facteurs nécessaires pour la réaliser. On distingue la productivité du travail, la productivité du capital et la productivité globale (p. 43).

Produit intérieur brut : quantité de richesses créées au cours d'une année dans un pays, il est égal à la somme des valeurs ajoutées (p. 35).

Progrès technique : ensemble des innovations qui entraînent une transformation ou un bouleversement des moyens et méthodes de production (p. 43).

Publicité : ensemble des techniques employées par les entreprises afin de promouvoir leurs produits et d'inciter à l'achat (p. 25).

Q

Qualification : ensemble des aptitudes acquises par l'individu ou requises pour occuper un emploi (p. 69).

R

Réseaux sociaux : liens de nature amicale, professionnelle, politique, tissés entre les individus. Un réseau est une configuration de relations interpersonnelles (p. 95).

Revenu disponible : revenu que les individus peuvent réellement consommer ou épargner, après avoir ajouté au revenu primaire les prestations sociales et soustrait les impôts et cotisations sociales (p. 15).

Revenus de transfert : revenus distribués aux ménages par le système de protection sociale, destinés à alléger la charge financière que représente la protection contre un certain nombre de risques ou de besoins préalablement définis. Ils comprennent les pensions de retraite, les allocations familiales, etc. (p. 15).

Revenus primaires : revenus perçus par les individus en contrepartie de leur participation au processus de production. Ces revenus comprennent : la rémunération des salariés, les revenus de la propriété, les revenus mixtes (p. 15).

S

Salaire : rémunération du travail salarié, incluant les primes et avantages en nature. Le salaire net versé est calculé après retrait des cotisations et des contributions sociales. Le salaire brut inclut les contributions sociales et une partie des cotisations sociales (p. 77).

Service : non « visible » et non stockable, il correspond à la mise à disposition d'une capacité intellectuelle ou technique (p. 35).

Socialisation : processus au cours duquel les individus apprennent les règles sociales (valeurs, normes, statut, rôle social) spécifiques à la société dans laquelle ils vivent. Ce processus transforme les individus en êtres sociaux. La socialisation primaire s'effectue pendant l'enfance et la socialisation secondaire, tout au long de la vie (p. 85).

Socialisation différenciée : elle signifie que les pratiques éducatives sont différentes pour les filles ou les garçons, et selon l'origine sociale de la famille (p. 85).

Stéréotype : opinion toute faite, cliché, simplifiant la vérité à l'extrême (p. 85).

Subvention : aide financière versée par l'État à l'acheteur d'un bien, réduisant son prix d'achat, ou à un producteur, réduisant son coût de production (p. 59).

T

Taux d'emploi : rapport entre le nombre d'individus occupant un emploi et un nombre de personnes donné, par exemple personnes en âge de travailler, femmes de 25 à 29 ans, jeunes de 15 à 24 ans, etc. (p. 69).

Taux de chômage : rapport entre le nombre d'individus sans emploi ou en recherchant un et la population dite active (p. 69).

V

Valeur ajoutée : richesse créée par une organisation productive. Elle est mesurée par la différence entre la valeur de la production et celle des consommations intermédiaires (p. 35).

Valeurs : principes, idéaux, qualités considérés comme estimables et désirables par une société à un moment donné. Les valeurs orientent les comportements des individus (p. 85).

Corrigés des exercices « Testez-vous ! »

Chapitre 1 p. 16

Exercice 1

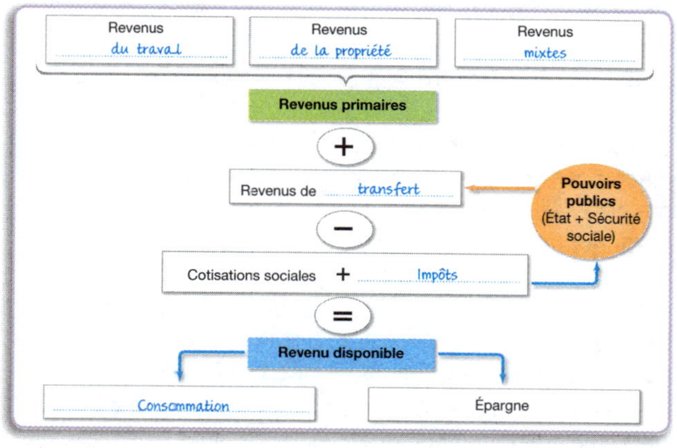

Exercice 2

1. d
2. c
3. d
4. c
5. b
6. a

Exercice 3

1. V
2. F
3. F
4. V
5. F
6. V
7. F
8. F

Chapitre 2 p. 26

Exercice 1

1. F
2. F
3. V
4. V
5. F
6. V
7. V
8. V
9. F
10. F

Exercice 2

1. catégorie socioprofessionnelle – 75,1 % – 67,9 % – ouvriers – 93,2 % – cadres – cadre – inactif – 2,5 % – 1,7 %.

2. En 2011, sur 100 ménages dont le chef de famille est ouvrier, 70 sont partis en voyage (pour motif personnel) en 2011, contre 67,9 en 2012. Entre 2011 et 2012 le nombre de voyages effectués par les ménages ouvriers a diminué de 4,3 %.

Chapitre 3 p. 36

Exercice 1

1. F
2. F
3. F
4. F
5. V
6. F
7. V
8. F
9. F
10. V

Exercice 2

1. VA = Valeur de la production – Consommations intermédiaires
   PIB = somme des valeurs ajoutées d'un pays
2. 1. Représentant des salariés
   2. Représentant de l'entreprise
   3. Représentant des actionnaires

Exercice 3

1. Ajoutée
2. Production
3. Bien
4. Entreprises
5. Valeur
6. État
7. Dons
8. Service
9. Salaire
10. Impôts

Chapitre 4 p. 44

Exercice 1

1. F
2. F
3. V
4. V
5. F
6. F
7. F

Exercice 2

1. Le titre fait référence à une option offerte aux consommateurs de manifester leur éventuel désaccord avec le développement des caisses automatiques en refusant de les utiliser.

2. Le facteur travail et le facteur capital semblent être substituables car la machine remplace l'homme. Mais, en fait, on demande au consommateur de faire le travail de l'hôtesse de caisse.

3. L'introduction des caisses automatiques peut entraîner la destruction d'emplois d'hôtesses de caisse, mais créer des emplois qualifiés d'entretien et de maintenance de ces machines.

Exercice 3

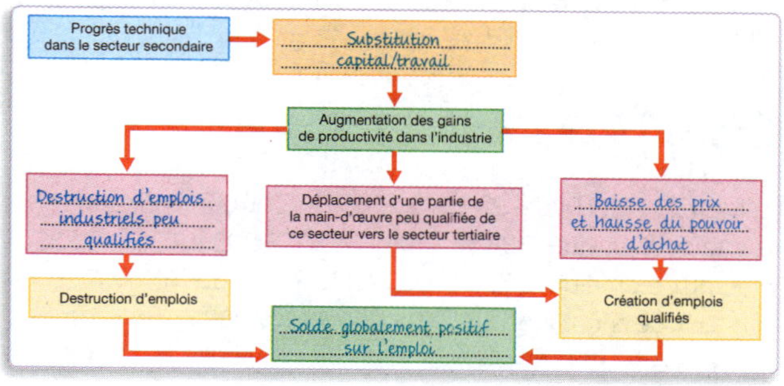

Chapitre 5 p. 52

Exercice 1

1.a
2.b
3.a
4.b
5.c

Exercice 2

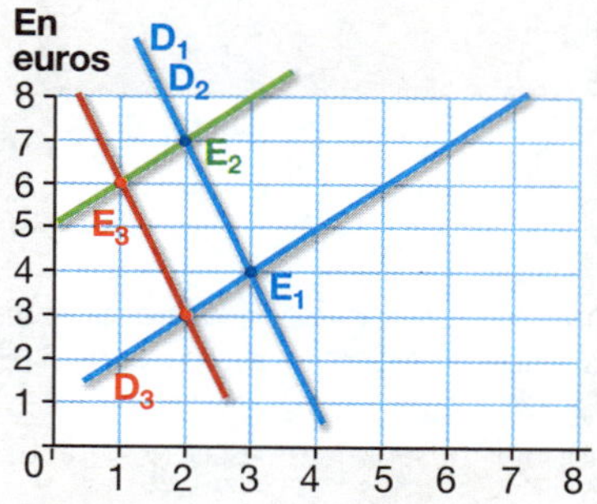

Exercice 3

1er **schéma** : Accroissement de la préférence pour un produit – Accroissement de la demande – Rareté de l'offre.

2e **schéma** : Offre plus abondante – Moindre attrait pour un produit – Baisse de la demande.

Chapitre 6 p. 60

Exercice 1

1.b
2.c
3.a
4.b
5.b
6.a

Exercice 2

- En vert : « La pollinisation par les insectes ».
- En bleu : « insectes sont menacés dans leur diversité et leur nombre » – « disparition progressive de leurs habitats ».
- En jaune : « les rendements des cultures vivrières européennes pourraient chuter de 25 à 32 %. ».

Exercice 3

1. Norme
2. Aucune des deux
3. Norme
4. Incitation et subvention
5. Incitation et taxe

Chapitre 7 p. 70

Exercice 1

1. V
2. V
3. F
4. F

Exercice 2

Bac +2 – supérieur – 1 point – femmes – hommes – diplôme – femmes.

Exercice 3

1. Sur 100 bacheliers inscrits en CPGE en 2011, 6,3 sont issus de familles relevant de la PCS « ouvriers ».

2. 49 % des élèves inscrits en CPGE sont issus de familles relevant de la PCS « professions libérales, cadres, enseignants ».

3. Il y a une surreprésentation des enfants des PCS « professions libérales, cadres, enseignants » en CPGE, et une sous-représentation des enfants d'ouvriers, qui s'inscrivent plus largement dans des filières techniques.

Chapitre 8 p. 78

Exercice 1

1. Il y a 238 302 000 – 213 042 000 = 25 260 000 chômeurs
2. • taux d'activité : 238 302 000 / 338 553 000 x 100 = 70 %
   • taux d'emploi : 213 042 000 / 338 553 000 x 100 = 62,9 %
   • taux de chômage : 25 260 000 / 238 302 000 x 100 = 10,6 %

Exercice 2

- Augmentation des profits : positif → joue sur : offre de biens
- Diminution du coût du travail : positif → joue sur : offre de biens
- Diminution des revenus des salariés : négatif → joue sur : demande de biens

Exercice 3

1. c 2. b 3. a et c

Chapitre 9 p. 86

Exercice 1

1. e 3. b 5. c 7. i 9. h
2. d 4. a 6. g 8. j 10. f

Exercice 2

1. Le rôle social traditionnel féminin est associé au travail domestique. D'après l'Insee, les femmes consacrent en moyenne 3 h 52 par jour au travail domestique contre 2 h 24 pour les hommes.

2. Le rôle social traditionnel masculin est associé à l'activité professionnelle. D'après l'Insee, les hommes consacrent en moyenne 3 h 55 de leur journée à leurs activités professionnelles contre 2 h 39 pour les femmes, soit 1 h 16 de plus par jour en moyenne.

Chapitre 10 p. 96

Exercice 1

1. **Bal public :** pratique « populaire » souvent évitée par les CSP élevées.

2. **Spectacle sportif :** pratique « populaire » bien qu'il faille différencier le golf et le football, les statuts des clubs, les prix des places, etc.

3. **Cinéma :** pratique de masse bien qu'il faille différencier les types de films et de cinémas.

4. **Musée :** pratique souvent savante bien qu'il faille différencier les types de musées : généralistes (ex. : le musée Rohan à Strasbourg), spécialisés (ex. : le musée Picasso à Paris).

5. **Théâtre :** pratique souvent savante bien qu'il faille différencier le théâtre contemporain, le théâtre classique et le théâtre de boulevard, par exemple.

6. **Photographie :** selon Bourdieu, pratique des classes moyennes dans les années 1960 ; aujourd'hui, pratique de masse mais différenciée.

7. **Internet :** pratique de masse même si l'âge jeune, le fait d'appartenir à une CSP élevée, sont des facteurs d'augmentation des pratiques d'Internet.

Exercice 2

1. Les critères sont les catégories socioprofessionnelles et une sélection de 6 pratiques culturelles.

2. Pour les parcs à thème : 13 % des CPIS contre 6 % des ouvriers (7 points d'écart ; coefficient multiplicateur proche de 2). Pour les expositions de peinture ou de sculpture : 49 % des CPIS contre 10 % des ouvriers (39 points d'écart ; coefficient multiplicateur proche de 5). Les pratiques culturelles varient selon le milieu social et il y a beaucoup plus d'écart pour les pratiques « savantes » comme les expositions que pour les pratiques « de masse » comme les parcs.

Crédits photographiques

Couverture : gauche : Hemis.fr/Jean-Paul Azam ; **à droite et de haut en bas :** REA/Gilles Rolle, Reuters/Han Jae-Ho, Shutterstock/Goran Bogicevic, MaxPPP/PhotoPQR/Ouest France/Philippe Renault

2h : Shutterstock/Goran Bogicevic ; **2m :** REA/Gilles Rolle ; **2b :** Reuters/Han Jae-Ho ; **3h :** MaxPPP/PhotoPQR/Ouest France/Philippe Renault ; **3b :** Hemis.fr/Jean-Paul Azam ; **5g :** SPFC ; **5m :** Getty Images/Popperfoto ; **5d :** Getty Images/Popperfoto ; **12(a) :** Fotolia/He2 ; **12(b) :** Shutterstock/Volga ; **12(c) :** Shutterstock/Suaphotos ; **12(d) :** Fotolia/Argus ; **14 :** Fotolia/Philippe Devanne ; **17g :** Shutterstock/Corto-Maltese-83 ; **17d :** Fotolia/Maxim Pavlov ; **18** : Iconovox/Deligne ; **21 :** Collection Christophe L/ã 2013 Bazmark Film III Pty Limited/Warner Bros Pictures ; **22 :** Casseurs de Pub ; **23h :** Air France/ã BETC-Camilla Akrans-2009 ; **23b :** Transavia France/Reproduction interdite. Tous droits réservés ; **24 :** Evian/ã BETC/Photographies Benni Valsson ; **27(a) :** Shutterstock/Serg64 ; **27(b) :** Shutterstock/Robert Kneschke ; **27(c) :** Shutterstock/Alexander/Raths ; **27(d) :** Fotolia/Goodluz ; **28 h :** Shutterstock/Lukas Rebec ; **31 :** Shutterstock/Wavebreakmedia ; **32 :** Na ! ; **36 :** Rachid Maraï ; **37 :** Shutterstock/Atm2003 ; **38 :** REA/Gilles Rolle ; **41(a) :** The Bridgeman Art Library/Worcester Art Museum, Massachusetts/ La Moisson par Julien Dupré; **41(b) :** REA/Didier Maillac ; **41(c) :** RMN-Grand Palais/Mathieu Rabeau/ Musée des Beaux-Arts, Valenciennes, Le Banquier et sa femme, attribué à Marinus Van Reymerswaele ; **41(d) :** AFP/Philippe Huguen ; **41(e) :** CUCM, document écomusée, reproduction D. Busseuil, Le Marteau-pilon, Forges et aciérie de Saint-Chamond par J.F. Layraud ; **41(f) :** Boursorama ; **42(a) :** Rue des Archives/Mary Evans/Tom Morgan ; **42(b) :** Centre Pompidou, MNAM-CCI, Dist. RMN-Grand Palais/Jacques Faujour/Elément mécanique par Fernand Léger ã ADAGP, Paris 2014 ; **42 bas :** Plantu ; **46 :** AFP/Fred Tanneau ; **53 :** AFP/Sigurlaug Linnet ; **63 :** Iconovox/Deligne ; **68 :** Iconovax/Rémi Malingrëy ; **79 :** d'après « The Secret of the Wild Child »/Nova/DR ; **81g :** Fotolia/Olga Demchishina ; **81d :** Fotolia/Audrey Arkusha ; **83 :** Leemage/Bianchetti ; **84 :** Roxane Lumeret ; **88 :** Iconovox/Albert ; **89 :** MaxPPP/BEP/Le Progrès/Fabien Lamborot ; **90 :** Iconovox/Lasserpe ; **91g :** Magnum Photos/Elliott Erwitt ; **91m :** Fotolia/Goodluz ; **91d :** Roger-Viollet/Ullstein Bild ; **92 :** Fotolia/Maridav ; **93h :** Getty Images/the Life Picture Collection/Francis Miller ; **93b** Getty Images/Archives Photos/Rowland Scherman ; **94g :** Corbis/Brooks Kraft ; **94d :** DR.

Édition : Séverine Bulan
Relecture : Laure-Anne Voisin
Conception graphique : Véronique Lefebvre
Mise en page : Anne-Danielle Naname et Claire Dubos
Iconographie : Maryse Hubert
Graphiques : Corédoc / Laurent Blondel
Couverture : Véronique Lefebvre

MIXTE
Papier issu de sources responsables
FSC® C022030

N° d'éditeur : 10201100 – IRILYS – Avril 2014
Imprimé en Italie par Grafica veneta